자녀를 성공시킨
엄마의 말은 다르다

자녀를 성공시킨

엄마의
말은
다르다

이정숙(대화전문가) 지음

나무생각

엄마의 말이 아이의 미래를 결정한다

그는 성공한 40대 후반의 남자였다. 잘나가는 변호사로 항상 에너지가 넘쳤다. 유머가 있어 사람들에게 인기도 많았다. 누가 봐도 '성공한 사람'이었다. 그런 그가 사적인 모임에서 술이 거나해지자 갑자기 어머니 이야기를 하며 주체할 수 없을 만큼 많은 눈물을 쏟기 시작했다. 그에게 어머니는 고통이고 아픔이었다. 어머니 때문에 참 힘들었고, 그것을 극복해 내는 데 많은 시간이 들었다고 했다. 그런데 시간이 흘러 자신도 자식을 키우고 보니 그것도 어머니의 사랑의 방식 중 하나였음을 알게 되었다. 그러니 늘 그 마음을 미리 알아드리지 못한 죄송함에 가슴이 아프다고 했다.

이처럼 어머니 이야기를 하며 눈물을 글썽이는 사람들을 볼 때면, 어머니란 우리 인간에게 얼마나 중요한 존재인지를 새삼 깨닫는다. 신(神)이 모든 곳에 있을 수 없어서 어머니를 만들었다는 말이 있지 않은가. 한 인간을 낳고 성장시키는 그 위대한 시간과 노력이 감히 신에 견줄 만하기 때문에 생겨난 말일 것이다.

그런 어머니의 존재가 때에 따라서는 큰 아픔으로 변한다. 어머니가 어릴 때부터 들려준 말이 아이의 인생에 큰 영향을 미치기 때문이다. 어머니로부터 어떤 말을 듣고 자랐느냐에 따라 매사를 행복하게 받아들일 수도 있고, 불행으로 여길 수도 있다. 또 성공을 하고도 불만으로 가득 찬 나날을 보낼 수도 있고, 비록 성공하지는 못했지만 자신의 삶을 충만하게 가꾸어갈 수도 있다. 젖을 물리는 순간부터 어머니가 아이에게 들려준 말이 아이의 두뇌를 형성하는 프로그램이 되고, 그 프로그램에 따라 아이는 세상을 바라보기 때문이다.

말이란 두뇌에 저장되는 모든 프로그램의 의미를 결정하는 것이며, 자주 듣는 말은 하나의 인식 프로그램을 만든다는 것이 뇌 과학자들의 주장이다. 따라서 아이가 태어나는 순간부터 어머니가 신세 한탄이나 불평불만을 많이 하면 아이의 머릿속에는 세상을 부정적으로 바라보는 뇌 프로그램이 만들어진다. 반대로 항상 긍정적인 말을 들려주면 세상을 긍정적으로 바라보는 뇌 프로그램이 만들어진다.

이처럼 '엄마의 말'은 아이가 뱃속에 있을 때부터 다 성장한 어른이 되어서까지 모든 사고방식과 행동을 지배한다. 그토록 강한 영향력을 갖는 것이 엄마의 말이다. 엄마의 말이 성장시킨 아이의 뇌 프로그램은 한번 인식되고 형성되면 쉽게 바꿀 수도 없다.

자녀교육 강연을 통해 만난 대부분의 어머니들은 말한다.

"다른 애들은 과외까지 하는데 우리 애만 안 할 수 있나요?"

"다른 애들은 좋은 학교를 목표로 정신없이 공부하는데 우리 애만 놀릴 수 있나요?"

"다른 애들은 예체능 과외까지 하는데 우리 애만 안 하면 바보 되는 것 아닌가요?"

경쟁이 치열한 세상, 내 아이만 뒤떨어지는 것을 못 참는 어머니들의 걱정은 너무나 당연하다. 그렇다고 해서 '아이들을 위한' 잔소리가 정당해지지는 않는다. 같은 노력을 하고도 효과를 거두지 못하는 어머니가 있고, 눈에 띄게 열성적이지 않은데도 스스로 공부하는 아이를 둔 어머니가 있다. 엄마의 말이 그 차이를 만든다.

　이 책은 엄마의 말이 가진 힘과 그 힘을 바르게 사용하는 방법을 알
리려고 썼다. 엄마 자신도 모르게 아이의 인생을 망치는 엄마의 말과
아이와 크게 싸우지 않으면서도 자녀를 성공시키는 엄마의 말은 어떻
게 다른지 설명할 것이다. 만약 지금까지 자녀를 망치는 말을 해왔다
면 약이 되는 말로 고치는 방법도 제시할 것이다.

　아무쪼록 많은 어머니들이 '엄마의 말'이 가진 영향력을 인식하
고, 자녀를 성공시키는 데 이 책이 좋은 역할을 하기를 희망한다.

이정숙

| 차례 |

머리말 엄마의 말이 아이의 미래를 결정한다 ·········· 4

1장 자녀를 성공시킨 엄마의 말

01 안 보이면 마음의 눈으로 보아라 ·········· 14
미국 최초의 시각장애인 가수 레이 찰스 엄마의 말

02 무엇이든 네가 잘할 수 있는 일이 있을 거야 ·········· 17
독일의 철혈 재상 비스마르크 엄마의 말

03 자기 자신을 존중해야 한다 고려시대 귀주대첩의 명장 강감찬 엄마의 말 ····· 21

04 자신을 속이지 마라 GE 전 회장 잭 웰치 엄마의 말 ·········· 26

05 결코 용기를 잃지 마라 유럽 제국의 꿈을 꾼 나폴레옹 엄마의 말 ·········· 30

06 다 잘 될 거야 전 세계인의 가슴을 울린 프리마돈나 조수미 엄마의 말 ·········· 34

07 잘 다녀오세요 안철수연구소 창립자 안철수 엄마의 말 ·········· 38

08 원하는 것은 무엇이든 할 수 있단다 ·········· 42
전 이베이 사장, 현 공화당 당직자 맥 휘트먼 엄마의 말

09 공상도 실천할 수 있는 것이면 더 좋지 않겠니? ·········· 46
맥도날드 창업자 레이 크락 엄마의 말

10 겁내지 말고 해봐, 너라면 할 수 있어! ·········· 50
미국 최초의 여성 대통령 후보 힐러리 클린턴 엄마의 말

2장 자녀를 불행으로 이끈 엄마의 말

01 더러워 손대지 마! ·················56
미국 초기 항공과 영화 산업의 귀재이지만 결벽증으로 은둔자가 된 하워드 휴즈 엄마의 말

02 아버지가 다 알아서 할 거야 ·················59
평생 정상적인 가정을 이루지 못한 채 요절한 프란츠 카프카 엄마의 말

03 네가 하는 일은 뭐든지 다 옳다 ·················64
광기로 세계를 전쟁으로 물들인 히틀러 엄마의 말

04 네가 훔쳐온 감자 정말 맛있구나 ·················67
자식의 도둑질을 부추겨 사형수로 만든 엄마의 말

05 누구도 너를 막지 못할 것이다 ·················70
위선자가 되어버린 전 뉴욕 주지사 엘리엇 스피처 부모의 말

06 딸아, 돈 좀 다오 상송의 여왕 에디트 피아프 엄마의 말 ·················74

3장 자녀가 엄마와의 대화를 즐기게 하는 말

01 네가 왜 속상한지 알지만, 안 되는 것은 안 돼 설득형 엄마의 말 ·········80

02 이유를 들어보고 어떻게 할지 생각해 보자 논리형 엄마의 말 ·············84

03 네가 그렇게 해주어서 엄마는 기뻐 축복형 엄마의 말 ·················88

04 사람이 중요하지, 물건이 중요한 것은 아니야 위로형 엄마의 말 ·········92

05 정말 잘했네, 그런데 조금만 고치면 더 나을 것 같은데 ·················95
칭찬형 엄마의 말

06 네가 그렇게 하면 엄마는 화가 나 리드형 엄마의 말 ·················98

4장 자녀에게 무시당하는 엄마의 말

01 너 또 그럴래? 그랬다가는 가만 안 둬! 으름장형 엄마의 말 ……………104

02 너만 힘드니? 엄마도 너만큼 힘들어 투정형 엄마의 말 …………………107

03 괜찮아, 네 마음대로 해 도덕불감증형 엄마의 말 …………………………110

04 엄마가 다 해결해 줄게 무수리형 엄마의 말 …………………………………114

05 네가 어떻게 엄마한테 그럴 수 있어? 원망형 엄마의 말 ……………………117

06 돼지우리가 따로 없네 비아냥형 엄마의 말 …………………………………120

5장 스스로 공부하는 아이를 만드는 엄마의 말

01 엄마한테 소리 내 읽어줄래? 유도형 엄마의 말 …………………………………126

02 네가 가르쳐줄래? 학습형 엄마의 말 …………………………………………………129

03 네가 결정한 것은 네가 알아서 해 관리형 엄마의 말 …………………………132

04 사전을 찾아보면 알 수 있을 텐데 전략가형 엄마의 말 …………………………136

05 혼자 공부할 자신 있으면 학원 그만 다녀도 돼 ……………………………139
   심리주도형 엄마의 말

06 결과에 매달릴 시간에 다음 시험 준비하는 게 어때? ………………142
   미래지향형 엄마의 말

07 어떤 사람이 되고 싶지? 목표설정형 엄마의 말 ……………………………146

6장 자녀의 성적을 떨어뜨리는 엄마의 말

01 공부는 안 하고 도대체 뭐하니? 채근형 엄마의 말 ················ 152

02 점수 올리면 네가 원하는 것 사줄게 조건부형 엄마의 말 ············ 155

03 집안일은 엄마가 할 테니 너는 공부나 해 희생형 엄마의 말 ········· 158

04 엄마가 학원 등록해 놓았어 몰이꾼형 엄마의 말 ················· 161

05 내가 창피해서 못살아 과시형 엄마의 말 ···················· 164

06 너 좋으라고 하는 말이야 생색형 엄마의 말 ··················· 168

07 좋은 대학 못 나오면 사람 취급도 못 받아 위협형 엄마의 말 ········ 172

7장 자녀의 성공을 좌우하는엄마의 말

01 조금만 더 노력하면 잘할 수 있어 ························· 178

02 너를 믿는다 ····································· 180

03 결정했으면 한번 해봐 ······························· 184

04 네가 자랑스럽다 ································· 187

05 누구나 실패할 수 있어 ····························· 190

06 너는 소중한 사람이야 ····························· 194

07 그 친구를 좋아하는 이유를 말해줘 ······················ 197

08 이제 정말 어른이 되는구나 ·························· 200

09 먹기 싫으면 안 먹어도 돼 ··························· 204

10 엄마한테 바라는 것이 많구나 ························· 207

이 글을 마치며 ····································· 212

● ● ● ● ● ● ● ●

엄마의 말은 아이의 미래를 만드는 가장 중요한 요소이다. 어려운 여건 속에서도 자식을 잘 키워낸 엄마들의 말을 들여다보면 아이에게 자신감을 불어넣고 어려움을 스스로 극복할 수 있는 힘을 길러주었음을 알 수 있다. 이 장에서는 자녀를 성공시킨 엄마의 말을 통해, 엄마의 말이 아이의 인생에 얼마나 중요한 영향을 미치는가를 알아본다.

1장

자녀를 성공시킨 엄마의 말

01
안 보이면
마음의 눈으로 보아라

미국 최초의 시각장애인 가수 레이 찰스 **엄마의 말**

아이들은 작은 불편에도 민감하다. 작은 장애물을 만나도 쉽게 넘어지고 깨진다. 물리적인 환경뿐 아니라 친구들과 조금 다른 외모, 성격, 집안 형편 등도 아이들에게는 아픔이고 상처일 수 있다.

그렇게 보면 우리는 누구나 작은 장애를 가지고 있다. 남들 앞에서 말을 잘하고 싶지만 소심한 성격을 타고나 그러지 못하는 사람이 있고, 노래를 멋들어지게 불러보고 싶지만 음악성을 타고나지 못해 노래를 부르라는 말이 두려운 사람도 있다.

다른 친구들보다 키가 작고, 얼굴이 예쁘지 않다는 이유만으로 자신감을 잃기도 하고, 숫기가 없어서, 힘이 달려서 등의 이유로 주눅

들어 살기도 한다. 그런데 이보다 더 큰 장애를 가졌지만 엄마의 응원과 사랑으로 극복해낸 예는 참으로 많다. 그 가운데 미국 최초의 시각 장애인 가수 레이 찰스의 엄마를 소개한다.

레이 찰스는 1930년에 태어났다. 그 당시 미국은 인종차별이 극에 달해 흑인들은 백인들과 같은 버스를 타거나 같은 식당을 이용하지도 못했다. 그러한 때 레이 찰스는 흑인으로 태어난 것도 모자라 어릴 때 시력을 잃어 7살 때부터는 앞을 전혀 볼 수 없었다. 그런 아들이 장애를 극복해 정상적으로 살기를 바라는 것은 불가능해 보였다. 그러나 레이 찰스의 엄마 아레사는 그 일을 해냈다.

레이 찰스의 전기를 영화로 만든 〈레이〉에서 보면 아레사는 시력을 잃은 어린 아들이 혼자 일어서다가 넘어져 애처롭게 엄마를 불러도 다가가 일으켜주지 않았다. 아들이 혼자 일어나 길을 찾을 때까지 문 뒤에 숨어서 지켜만 보았다. 몸이 불편한 아들이 넘어져 엄마를 애타게 부를 때 달려가지 않기란 얼마나 어려운가. 하지만 아레사는 아들이 혼자 일어서면 그제야 다가가 아들을 안아주며 "눈이 안 보이면 마음의 눈으로 보아라."라고 속삭였다. 레이 찰스는 엄마의 그 말에 힘입어 창문 밖 벌새의 날갯짓 소리까지 들을 수 있을 정도로 뛰어난 청각을 기르게 된다.

그의 뛰어난 청각은 음악적 재능으로 발전했다. 엄마의 끊임없는 격려와 장애를 극복 대상으로 받아들이게 한 가르침은 아들 레이에게 흑인 장애인이 받아야 했던 온갖 수모와 편견을 극복할 수 있는 힘을 길러주었고, 최고의 가수로 성장할 수 있는 견인차 역할을 했다. 그는 가스펠과 블루스를 접목시킨 새로운 음악 장르를 개척해 젊은이들의 폭발적인 인기를 얻었고, 발매하는 음반마다 공전의 히트를 기록하며 40년 동안 수많은 히트 앨범을 발표했다.

안타깝게도 그가 시력을 잃기 전인 6살 때 동생의 죽음을 목격한 기억이 발목을 잡아 말년에는 마약에 손을 대 마지막 인생은 불행하게 마감했지만, 그는 극복이 불가능해 보이는 장애를 딛고 흑인들도 연예계로 진출할 수 있는 길을 열어준 개척자였다. 만약 그의 엄마 아레사가 아들의 장애를 불쌍히 여겨 품 안에서만 길렀다면 그와 같은 업적을 남기지 못했을 것이다.

지금 아이가 친구들과 가정 형편이 다르다며 불평해서 마음이 아프거나, 혹은 타고난 외모가 마음에 안 든다고 투덜댄다면 당신의 어떤 말이 아이에게 역경을 극복해 낼 용기를 줄 것인지 깊이 생각해 보자.

02
무엇이든 네가 잘할 수 있는 일이 있을 거야

독일의 철혈 재상 비스마르크 엄마의 말

오늘날 유럽의 주요 국가 중 하나인 독일은 원래 유럽의 약소국이었다. 19세기, 프랑스와 영국이 식민지를 개척하고 영토를 늘려가는데도 독일은 작은 도시국가들로 나뉘어 자국인들끼리 전쟁을 치르느라 국고는 바닥나고 국력이 약한 나라에 불과했다. 그런 독일을 유럽의 강국으로 진입하게 한 사람이 바로 초대 수상인 오토 폰 비스마르크였다.

그는 강력한 카리스마로 도시국가로 쪼개져 있던 독일을 통일하여 독일제국을 건설했다. 프랑스와의 전쟁도 승리로 이끌어 강대국의 기틀을 다졌다. 독일제국의 초대 수상이 된 다음에도 프랑스의 나폴레옹처럼 권력을 확장하는 일에 주력하지 않고 독일의 경제 발전을 가져올 수 있는 중공업 정책을 폈다.

그런데 이처럼 한 국가를 반석 위에 올려 강대국으로 성장시킨 영웅도 어릴 때부터 비범했던 사람은 아니었다. 비스마르크는 귀족 집안에서 태어났지만 타고난 반항아였다. 1832년 괴팅겐 대학 법학부에 입학했지만 날마다 술을 마시고 싸움을 일삼아 낙제를 겨우 면했다. 하는 수 없이 베를린 대학 법학부로 옮겼지만 여기서도 자기 가문보다 지위가 높은 귀족 자제들에게 불손하게 굴고 교수에게도 자주 대들어 말썽을 일으키곤 했다. 비스마르크가 엄마에게 인생을 바꿀 수 있는 말을 듣지 못했다면 평생 말썽이나 부리면서 가족들의 애를 태웠을 것이다.

그 당시에는 유럽도 여자가 함부로 나설 수 없는 철저한 남성 중심의 사회였다. 그러나 그의 엄마는 아버지를 대신해 자식들의 교육에 나섰다. 그녀는 아들 비스마르크가 간신히 대학을 졸업하자 왕궁과의 연줄을 이용해 지방법원에 취직을 시켰다. 그러나 바로 쫓겨났다. 하지만 엄마는 비스마르크를 조금도 나무라지 않고 다시 취직시켰는데 이번에도 3개월 만에 그만두었다. 그런데도 "도대체 뭐가 되려고 그러니?" "얼마나 어렵게 얻은 직장인데 그렇게 쉽게 때려치워!" 등의 말로 비난하지 않았다. 오히려 "무엇이든 네가 잘할 수 있는 일이 있을 거야."라고 격려했다.

비스마르크의 엄마는 아들이 직장을 옮겨 다니는 동안 아들에게 군인 기질이 있음을 발견하고 군 입대를 권했다. 군에 입대한 비스마르크는 물고기가 물 만난 듯 군대생활을 즐겁게 해냈고, 후에 정계에 입문해 수상에까지 오를 수 있었다.

그가 엄마로부터 귀에 못이 박이게 들어, 나중에는 그의 삶의 철학이 된 명언들을 소개한다.

- • 어릴 때부터 올바른 품성을 지닌 사람은 청년이 되어서도 칭찬받는 일을 하며, 노인이 된 후에도 무한한 존경을 받게 된다. 그러므로 어릴 적부터 올바른 도덕관과 예의를 갖추도록 노력해야 한다.

- • 운명을 겁내면 운명에 먹히고, 운명에 부딪치면 운명이 비켜간다. 대담하게 자신의 운명에 부딪쳐라!

- • 일하라. 더욱 일하라. 죽을 때까지 일하라.

- • 청년인 너에게 권하고 싶은 것은 다음 세 마디뿐이다.
  일하라. 더욱더 일하라. 끝까지 일하라.

당신의 아이가 부모의 말을 거스르고 말썽만 부린다고 속상해 할 필요가 없다. 사실 부모 앞에서 평생 말썽쟁이로 남고 싶은 자식은 하나도 없다. 말썽을 부리면서도 엄마보다 더 답답한 사람은 본인이다. 그런 때는 아이를 나무라거나 닦달하지 말고 "최고가 아니라고 좌절할 필요는 없다. 잘 될 때도 있고, 잘 되지 않을 때도 있단다. 언제나 최선을 다하는 것이 중요해."라고 위로해 보는 것은 어떤가. 자녀에게 누구보다 든든한 지원군이 되어주길 바란다.

03
자기 자신을
존중해야 한다

고려시대 귀주대첩의 명장 강감찬 **엄마의 말**

"도대체 누굴 닮아서 매일 말썽이니!"

"누굴 닮아 이렇게 못생겼을까?"

농담으로라도 아이 기를 죽이는 엄마들을 만나면 나는 깜짝 놀란다. 아이가 엄마의 말을 농담으로 받아들일 거라고 여겨 생각 없이 말했다고 변명할 테지만 결코 가볍게 넘어갈 일이 아니다. 아무리 빈말이라도 자신의 힘으로 바꿀 수 없는 외모를 가지고 아이를 놀려서는 안 된다. 아이들은 엄마의 말을 통해 스스로를 판단하기 때문이다.

남녀노소를 불문하고 외모로 사람을 평가하는 경우는 많다. 외모지상주의는 오늘날 갑자기 생긴 일도 아니다.

기원전 그리스 시대에는 외모가 추하면 마음도 추하다고 해서 아예 사람 취급도 안 했다. 소크라테스도 외모 열등감을 극복하려고 철학 공부만 했다는 설이 있을 정도다. 지금으로부터 500년 전인 르네상스 시대에 외모 지상주의가 다시 한 번 나타났는데, 이때 사람들은 얼굴이 찌그러지니 마음도 찌그러졌다며 노인을 멸시하기까지 했다.

중국 당나라 때는 관리를 등용하는 기준을 '신언서판(身言書判, 생김 새와 말씨와 글씨로 사람을 판단한다)'이라 했다. 이때 신(身)이란 사람의 풍채와 용모를 뜻하는 말로, 사람을 대했을 때 첫째 평가 기준이었다. 아무리 신분이 높고 재주가 뛰어난 사람이라도 풍채와 용모가 뛰어나지 못했을 경우, 정당한 평가를 받지 못했다. 이처럼 외모 지상주의의 역사(?)는 길지만, 사회적 편견과 굴레를 극복해 낸 사람들은 많다.

고려시대 강감찬은 명장으로 잘 알려져 있지만 뛰어난 외교관이기도 했다. 그런데 강감찬은 외교관이 갖추어야 할 좋은 외모와는 거리가 멀었다. 외교관은커녕 일반인으로 살기에도 무시당할 정도로 매우 작고 못생겼다고 한다.

강감찬은 고려 개국공신의 아들로 태어났지만 못생긴 외모 때문에 서당에 들어가자마자 친구들의 놀림감이 되어야 했다. 늘 상심해 있는 강감찬에게 그의 엄마는 말했다.

"예부터 이름을 날린 사람은 자기 자신을 존중할 줄 알았다. 그리고 작은 고추도 제대로 매운 맛이 들면 아무도 무시하지 못하는 법이란다. 서당 친구들이 네 키가 작고 외모가 볼품없다고 놀리면 그 아이들보다 더 열심히 공부하거라. 네가 그 아이들보다 월등한 실력을 갖춘다면 결코 작다고 무시하지 못할 것이다. 오히려 네 앞에서 머리를 조아리게 될 것이다. 당장 오늘부터 실력을 쌓아라! 분명 아이들의 태도가 달라질 것이니."

어린 강감찬은 엄마의 말대로 밤낮으로 공부해 실력을 쌓아 나갔다. 그러자 정말로 서당 아이들은 강감찬을 달리 보기 시작했다. 실력을 보여준 후 강감찬을 작다고 놀리는 아이는 한 명도 없었다. 오히려 놀이를 할 때면 지략이 뛰어난 강감찬과 한 편이 되려고 해서 곤란한 때가 많았다. 친구들이 따르자 저절로 리더의 자질도 기를 수 있었다. 더욱 자신감이 생긴 강감찬은 14살 때 이미 천문, 지리, 병법까지 통달했으며 활솜씨도 남이 따르지 못할 만큼 훌륭했다.

강감찬은 36세에 양주 목사가 된다. 그가 목사가 된 양주는 호랑이가 들끓어 가축뿐만 아니라 어린아이들도 물어가는 사고가 빈번하게 일어났다. 마을 사람들은 호랑이를 잡아낼 수 있는 장수 같은 신임 목사를 고대했다. 그런데 웬걸? 작고 못생긴 목사가 부임하자 적잖이 실망한 양주 사람들은 수군댔다.

"호랑이가 더 많아지겠군."

"왜?"

"새 목사를 보면 호랑이가 식구까지 데려오겠구먼!"

강감찬 역시 백성들이 하는 이야기를 들었지만 모른 척했다. 그는 먼저 장정들을 모아 마을 주변의 숲을 모두 베어버렸다. 허허벌판을 만든 다음 활 잘 쏘는 사냥꾼들을 모아 덫과 함정을 만들어 호랑이를 모조리 없앨 수 있었다. 이후로 양주 사람들이 강감찬을 존경하고 잘 따른 것은 말할 필요도 없다.

강감찬의 엄마는 결코 아들의 외모를 깎아내리지 않았다. 외모는 실력만 있다면 얼마든지 극복할 수 있는 것이라 판단하고, 오히려 "실력으로 보여주어라."라는 말로 강감찬의 자신감을 이끌어낸 것이다.

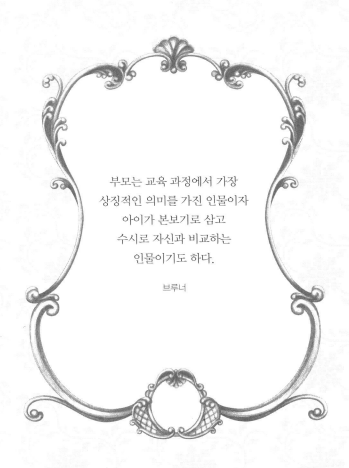

부모는 교육 과정에서 가장
상징적인 의미를 가진 인물이자
아이가 본보기로 삼고
수시로 자신과 비교하는
인물이기도 하다.

브루너

04
자신을 속이지 마라

GE 전 회장 잭 웰치 **엄마의 말**

'부자'가 우리 사회의 주요 화두가 된 지 제법 오래 되었다. 재테크 관련 책들은 계속 쏟아져 나오고, 그만큼 많이 팔려 나간다. 이제는 10대 청소년들까지도 투자에 관심을 갖는다고 한다.

아이가 부자가 되어 잘 사는 것을 마다할 부모는 없을 것이다. 그래서 어릴 때부터 경제 교육을 시켜야 한다고 생각하는 부모들도 많아졌다. 그러나 어릴 때부터 재테크의 기술을 익히는 것만으로는 진정한 부자가 될 수 없다. 망해 가던 미국의 대기업을 세계 최강의 기업으로 만든 잭 웰치를 보면 그것을 알 수 있다.

잭 웰치의 성공 신화는 우리나라에도 잘 알려져 있다. 가난한 아일

랜드 이민자의 집에서 태어나 세계적인 기업 GE에서 가장 어린 나이에 최고경영자에 올랐다. 1981년에 경영자가 되고 2001년에 물러났지만 그의 초청 강의료는 수억 원대이고, 그의 책은 나오는 대로 베스트셀러가 되었다. 그의 경영 사례가 성공하려는 기업들의 본이 되고 있기 때문이다.

잭 웰치는 퇴임한 지 10년 가까이 됐지만 아직도 CEO 중 CEO로 추앙받고 있다. 당당하고, 자신감 있고, 열정적이어서 끝없는 도전과 용기로 성공 신화를 이룬 잭 웰치도 어릴 때부터 탁월한 재능을 가진 아이는 아니었다. 그는 어릴 때 키가 아주 작고 말까지 더듬는 평범 이하의 아이였다. 그런 그를 전설적인 경영의 귀재로 만든 것 역시 엄마의 말이다.

잭 웰치는 친구들이 '말더듬이'라고 놀려 고통을 당할 때마다 엄마에게 달려갔다. 이때 엄마는 "네가 말을 더듬는 것은 네가 매우 똑똑하기 때문이야. 네 머리 속의 생각이 네가 말하는 속도보다 빨리 움직이고 있기 때문에 말을 더듬는 것이란다. 어느 누구의 혀도 네 똑똑한 머리를 따라갈 수는 없을걸?"이라고 말해 주곤 했다. 열등감을 오히려 자부심으로 바꿔준 것이다.

어린 잭 웰치는 엄마의 말을 백퍼센트 믿어 그후로는 말을 더듬는 자신을 조금도 부끄러워하지 않게 되었다.

그는 말을 더듬었을 뿐만 아니라 키도 유난히 작았다. 그런데 그가 어린 시절 농구팀의 주장으로 자기 키의 두 배나 되는 친구들을 리드

했다면 믿을 수 있겠는가? 그렇게 되었던 것 역시 엄마가 항상 "넌 그저 열심히 노력하기만 하면 되는 거야."라고 말해 주어 자신의 키가 작은 것이 문제라는 생각조차 해본 적이 없었기 때문이라고 한다. 이처럼 잭 웰치의 엄마는 자신이 가진 조건을 단점이 아닌 장점으로 바라보도록 가르쳤다.

잭 웰치는 GE를 회생시킬 때 수많은 반대에도 불구하고 과감히 자회사들을 정리했다. 그는 시장에서 1, 2위가 아니면 매각하거나 구조조정을 단행하였고, 과감한 결단과 추진력을 통해 효율성을 높이는 경영원칙을 제시했다.

잭 웰치의 경영방식은 세계적인 주목을 받았다. 어떠한 상황에서도 자신감을 잃지 않으면서, 냉정하게 현실을 인식하고, 정면으로 돌파해 이기는 능력을 보여주었다. 높은 목표를 설정하고도, 동기부여를 통해 직원들의 의욕을 북돋아 늘 높은 성과를 이루어냈다. 항상 모든 일에 최선을 다했기 때문이다.

잭 웰치가 가장 좋아하는 엄마의 가르침은 "자신을 속이지 마라. 열심히 하지 않는다면 너는 커서 아무것도 되지 못할 것이다. 지름길은 없다."라는 것이다.

한 번 틀이 잡힌 습관은 쉽게 없어지지 않는 법. 엄마의 가르침은 이후 잭 웰치의 인생을 지탱하는 가장 큰 힘이 되었다.

자신의 결점을 장점으로 바라보는 의식의 전환, 그리고 현실의 문제를 피하지 않고 최선을 다하는 자세는 리더들에게는 대단히 중요한 덕

목이다. 자녀를 부자로 만들고 싶지만, 그 부유함으로 인해 타락하지 않기를 바라는 엄마라면 아이에게 어떤 말을 들려주어야 할지 잭 웰치의 엄마로부터 어렵지 않게 배울 수 있을 것이다.

05
결코 용기를 잃지 마라

유럽 제국의 꿈을 꾼 나폴레옹 엄마의 말

아들아, 편지 잘 받았다. 네 글씨체와 서명이 아니었더라면 이 편지가 네가 쓴 것이라는 생각을 하지 못했을 것이다. 너는 가족 중 내가 가장 사랑하는 아이란다. 그러나 다시 한 번 이런 편지를 받는다면 나는 더 이상 너에 대해 신경을 쓰지 않겠다.

네가 처한 상황을 네 아버지께 그런 식으로 말씀드리다니, 어디서 배운 소행이더냐? 천만 다행으로 아버지가 집에 안 계시는구나. 만일 아버지께서 네 편지를 보셨다면 나와 똑같은 모욕감을 느끼고 당장 무례하고 버릇없는 아들을 벌하기 위해 브리엔(나폴레옹이 다니는 귀족 학교가 있는 도시)으로 달려가셨을 것이다.

난 이 편지를 숨기겠다. 네가 그렇게 쓴 것을 후회하기를 기대하면서 말이다. 물론 네게는 네 곤란한 처지를 부모에게 알릴 권리가 있지만, 동시에 정말로 너를 도울 수가 없기 때문에 네 부모가 침묵하고 있다는 사실을 너는 이해해야 한다.

여기 바이은행에서 발행한 300프랑짜리 어음을 동봉하는 것은 너의 무례한 생각 때문도 아니고, 네가 가하는 협박 때문도 아니다. 오직 부모로서 갖고 있는 너에 대한 애정 때문이다.

나폴레옹, 앞으로는 네 행동이 더 조심스럽고 공손해져서 더 이상 이런 편지를 쓰지 않기를 바란다. 그러면 나는 전과 조금도 다름없이 너를 사랑하겠다.

— 사랑하는 어머니 레티치아 보나파르트로부터

1784. 6. 2 아작시오(코르시카 섬의 한 도시)

출처 : 알랭 드코의 《나폴레옹의 어머니 레티치아》에서

프랑스 파리에 가본 사람이라면 루이 14세와 나폴레옹의 흔적들이 파리를 가득 채우고 있다는 것을 실감하게 된다. 오늘날 세계인들이 파리에 열광하는 이유는 앙리 4세가 디자인해서 루이 14세가 실행하고, 나폴레옹이 완성한 파리의 너무나 프랑스적인 이미지 때문이다.

세계에서 가장 먼저 전제주의를 무너뜨린 프랑스인들은 프랑스의 변방인 작은 섬 출신 나폴레옹이 황제로 등극하는 것을 대대적으로

환영했다. 그는 그 보답으로 프랑스를 세계 제1의 강대국으로 만들었다. 그의 재임 중 불어는 세계 공용어가 되었고, 프랑스 학술원은 세계 모든 학자들에게 영향력을 행사했으며, 도시 계획은 다른 국가들의 모델이 되었다. 비록 말년에는 혁명에 실패해 엘바 섬에 유배당하고 그곳에서 쓸쓸하게 목숨을 잃었지만, 지금도 프랑스인들은 나폴레옹을 그들의 영웅으로 받들고 있다.

나폴레옹은 코르시카라는 작은 섬 출신이다. 코르시카는 나폴레옹이 태어나기 전까지 스위스 제노바의 식민지였다가 겨우 독립한, 인구 3천 명가량의 미니 국가였다.

나폴레옹의 아버지 샤를은 허명심이 많고 돈 낭비가 심했다. 그래서 항상 공직에 머물렀고 귀족 작위도 있었지만 집안은 늘 돈에 쪼들렸다. 나폴레옹은 아버지의 허영심 때문에 13세에 프랑스의 귀족 군사학교에 입학했지만 부모로부터 용돈이 끊겨 극심한 고통을 겪는다. 귀족 학교이니만큼 다른 아이들은 물질적으로 풍족했다. 상대적 빈곤감을 참지 못한 10대의 나폴레옹은 아버지에게 용돈을 보내달라는 내용의 편지를 썼다. 편지에는 물질적으로 풍요로운 아이들 속에서 자신이 어떤 고통을 당하는지를 낱낱이 밝히지는 않았지만 돈을 보내주지 않으면 안 된다는 강한 메시지가 담겨 있었다.

그의 편지가 코르시카로 배달되었을 때 마침 아버지는 장기 출타 중이어서 엄마가 대신 아들의 편지를 보게 된다. 엄마는 아들의 편지를 보자 몹시 가슴이 아팠다. 그러나 아들을 강하게 키우려는 마음에

위와 같은 단호한 답장을 보냈다. 아들이 돈 때문에 비굴해지지 않으면서도, 돈이 없는 부모를 우습게 여기지 않도록 냉정하면서도 분명한 메시지를 담은 편지를 보내 오히려 아들을 반성하게 만들었다.

그녀는 가족에게 어려움이 닥칠 때마다 "잘 될 거야. 결코 용기를 잃지 마라. 우리 가족은 하나님 앞에서만 무릎을 꿇는단다."라고 가족을 다독였다. 아들이 황제 자리에서 쫓겨나고 유배지에서 숨을 거두는 것을 지켜보아야 하는 고통을 겪었지만, 끝까지 우아하고 침착한 태도를 보여 프랑스인들에게 가장 프랑스적인 어머니로 존경받고 있다.

물질이 모든 것을 지배하고 결정하는 시대를 사는 엄마들이 내 아이를 어떻게 가르쳐야 하는지 그녀는 아주 잘 보여주고 있다.

06

다 잘 될 거야

전 세계인의 가슴을 울린
프리마돈나 조수미 **엄마의 말**

"옆집 애는 ○○점 받았다는데 너는 도대체 이게 뭐니."

"○○은 엄마 말도 잘 듣고 공부도 잘한다던데 너는 그것밖에 못해?"

자식들이 가장 듣기 싫은 말이다. 비단 자식의 입장이 아니더라도 남과 비교당하는 말은 누구나 듣기 싫어한다. 윗사람에게 이런 말을 듣고 "그래 내가 잘못했어. 반성해야 해. 앞으로 더 잘해야지."라고 생각하는 사람이 과연 몇 명이나 있을까. 반성은커녕 모욕감을 느낄 것이다. 아이들이라고 다르지 않다. 아이들은 어른보다 더 감성적이고 예민하기 때문에 엄마로부터 다른 아이와 비교당하는 말을 들으면 더 깊은 상처를 받을 것이다.

　강요는 아이들에게 의욕을 상실케 한다. 세계적으로 성공한 사람들의 이야기를 들어보면 엄마가 1등을 강요했다는 사람은 한 명도 없다. 아이를 최고가 되게 하려면 때로는 호되게 가르쳐야 하고, 그러려면 어떻게 비교와 강요를 빼고 말할 수 있느냐고 항의하고 싶은 엄마는 조수미 씨 엄마의 이야기를 들어보자.

　세계적인 프리마돈나가 되어 한국을 빛낸 성악가 조수미는 자라는 동안 엄마에게 단 한 번도 "○○보다 잘해야 한다."라거나 "그 대회는 정말로 중요하니 반드시 1등 해야 한다."는 말을 들어보지 못했다고 한다. 유학 일 년 반 후에 참가한 핀란드 콩쿠르에서 사람들의 기대를 저버리고 낙방했을 때도 딸의 쓰라린 마음을 다 안다는 편지만 보냈다고 한다.

　조수미는 5세 때부터 음악적인 재능이 보여 피아노 레슨을 시작했다. 그리고 초등학교 5학년인 1972년 CBS 주최 〈연말 노래자랑〉에 출전하기도 했다. 그러나 엄마의 적극적인 지원에도 불구하고 조수미는 장려상을 받는 데 그치고 말았다. 하지만 그녀의 엄마는 조금도 실망하지 않았다. "오히려 그날 장려상을 받았던 것이 자극이 되었고, 음악적으로 더 분발해 오늘의 수미가 있을 수 있었다."고 말했을 정도로 어느 순간에도 1등을 강요하지 않았다.

　조수미는 한 인터뷰에서 "어려운 콩쿠르에 참가하는 날 아침이면 엄마는 항상 '어젯밤 꿈이 참 좋았다. 다 잘 될 거야.'라고만 말씀해

주셔서 자신 있게 콩쿠르에 임할 수 있었다."고 고백한 적이 있다.

그 대신 엄마는 딸이 어디에 있든지 엄마의 응원과 따뜻한 위로를 전할 수 있도록 항상 편지를 썼다. 편지에는 어떤 기대감을 나타내기보다는 딸의 마음을 이해한다는 내용만 적었다고 한다. 조수미가 이태리로 유학을 간 후에도 엄마는 하루도 거르지 않고 편지를 보냈는데, 엄마의 편지는 타지에서 힘든 공부를 하는 딸의 마음을 다독여주고, 빗나가지 않도록 이끌어주었다. 그 결과 조수미는 "이 세상에서 내 마음을 가장 잘 알아주는 사람은 엄마."라고 말한다. 조수미는 엄마에게 불안한 마음과 모든 고민을 털어놓았고, 두 사람은 멀리 떨어져 있지만 누구보다도 가까운 사이였다.

조수미는 많은 프리마돈나 중 탁월한 곡 해석으로도 높이 평가받고 있는데, 어릴 때부터 몸에 밴 독서 습관의 영향이라고 한다. 그런데 그녀는 엄마로부터 "책 좀 읽어라."라는 잔소리를 한 번도 듣지 않았다. 대신 언제나 엄마의 책 읽는 모습을 보고 자랐다고 한다. 조수미의 엄마는 자신의 솔선수범을 통해 딸이 스스로 책에 흥미를 갖도록 만들었다. 부모가 책과 가까워지는 습관을 들이면 아이들은 자연스럽게 책을 좋아하게 됨을 보여주는 사례다.

조수미의 엄마는 결코 아이를 다그치지 않고 몸소 실천해 보였으며, 1등을 강요하는 것이 아니라 오히려 몸과 마음을 안정시키는 것이 최고의 실력을 이끌어낼 수 있는 비결임을 보여주었다.

내 아이의 남다른 재능을 발견한 행운의 엄마라면 조급한 마음에 아이를 닦달해서 그 행운을 망치지 말고, 편안한 마음으로 아이가 기량을 다할 수 있도록 항상 말로 마음을 안정시켜주자. 그러면 반드시 재능을 꽃피우는 최고의 순간을 보게 될 것이다.

07

잘 다녀오세요

안철수연구소 창립자 안철수 **엄마의 말**

　안철수는 우리나라 컴퓨터 백신 개발의 선두 주자이다. 사람을 고치는 의사로 14년을 살다가 컴퓨터 병균을 잡는 사람으로 변신해 큰 주목을 받았다. 그런데 몇 년 전에는 노안이 오기 전에 하고 싶은 공부를 하겠다며 잘나가는 CEO 자리를 후진에게 물려주고 힘든 유학길에 올랐다. 그리고 지금은 돌아와 카이스트에서 학생들을 가르치고 있다.

　그는 돈도 벌고 사회적 공헌도 하면서 개인적으로 하고 싶은 일도 다 해본, 이 시대 사람들의 로망이다. 그런데 그는 초등학교 때까지만 해도 수줍음 많고 성적도 중간 정도인 지극히 평범한 아이에 불과했다고 한다. 그렇다면 그의 성공 비결은 무엇일까?

안철수의 엄마는 아들에게도 항상 존댓말을 사용했다. 고등학교 시절 학교에 늦어 택시를 탔는데 엄마는 아들을 향해 "잘 다녀오세요."라고 인사를 했다. 택시 운전사는 엄마의 인사를 듣고 안철수에게 "형수님이세요?"라고 물었다. 그가 빙긋이 웃으며 "어머니이신데요."라고 하자 택시 운전사가 깜짝 놀라며 "학생은 훌륭한 어머니를 뒀으니 나중에 그 은혜 잊지 말고 잘 해드리세요."라고 당부했다는 일화가 잘 알려져 있다. 안철수는 그때서야 모든 엄마가 아들에게 존댓말을 쓰는 게 아님을 알았다고 한다.

안철수는 자신에게 존댓말을 사용하는 엄마의 영향을 받아 CEO가 된 후에도 말단 직원에게까지 깍듯한 존댓말을 사용해 직원들의 존경을 받았다. 그는 심지어 군복무 때도 부하들에게 선뜻 반말이 나오지 않아 애를 먹었다고 한다.

어린 자식에게 깍듯한 존댓말을 쓰기란 쉽지 않다. 그런 의미에서 안철수의 엄마가 아들에게 모범을 보인 공손한 언어생활은 타인을 위한 배려로 가득 찬 그의 인생에 큰 영향을 주었다. 말은 사고를 지배하고, 사고는 행동을 지배하기 때문이다. 안철수를 만나는 사람들은 나이가 많든 적든 그로부터 존중받는다고 느꼈을 것이다. 그 호감은 당연히 상생의 관계로 이어졌을 것이 아닌가.

그런데 안철수의 엄마가 아들에게 존댓말을 사용했다고 해서 무조건 위해 주기만 한 것은 아니다. 언제나 아들의 의견과 결정을 존중했지만 기본의 중요성을 놓치고 있다는 생각이 들면 따끔한 가르침을 잊지 않았다. 안철수는 초등학교 때는 뛰어난 학생이 아니었지만, 도서관의 책을 모두 읽었다고 한다. 도서관 사서 선생님이 책을 재미 삼아 빌려간다고 생각했을 정도라 하니, 그의 독서 습관이 현재의 그를 만든 원동력이었을 것이다.

　안철수가 한 사회에 큰 기여를 하는 훌륭한 인물이 될 수 있었던 데는 이처럼 엄마의 따뜻한 배려와 존중, 그리고 독서 습관이 있었기 때문이다. 한 발자국씩 천천히, 하지만 멈추지 않는 그의 도전은 안철수를 잘나가는 의대 학과장에서 벤처 기업가로 변신시켰고, 또 최고의 기업가에서 다시 유학을 마치고 국내 최고의 공과대학 교수가 될 수 있게 해주었다.

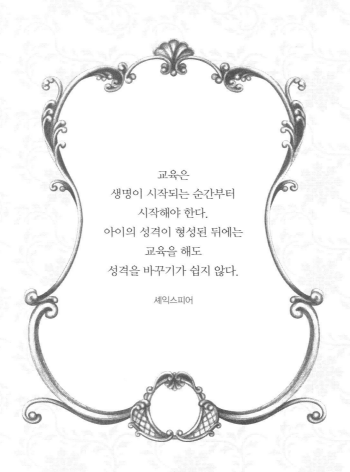

교육은
생명이 시작되는 순간부터
시작해야 한다.
아이의 성격이 형성된 뒤에는
교육을 해도
성격을 바꾸기가 쉽지 않다.

셰익스피어

08

원하는 것은
무엇이든 할 수 있단다

전 이베이 사장, 현 공화당 당직자
맥 휘트먼 엄마의 말

미국 이베이의 CEO였던 맥 휘트먼, 미국에서 가장 잘나가는 회사에 많은 흑자를 내주고 자신도 수백억 원의 연봉을 받은 세계적으로 성공한 여성 기업인 출신이다. 그녀는 세계 최대 전자상거래 업체인 이베이의 CEO로 취임한 지 4개월 만에 자사 주식을 나스닥에 상장시켰다. 2005년 《월스트리트 저널》이 선정한 '주목할 여성 CEO'에서 1위에 오른 데 이어 경제 전문지 《포춘》이 뽑은 '가장 영향력 있는 여성 기업인 50'에서도 2년 연속 1위에 등극했다.

그녀는 사회적 성공뿐만 아니라 가정도 잘 꾸렸는데, 신경외과 의사인 남편과 두 자녀를 키우며 행복한 가정생활을 보여주어 모든 사람들의 부러움을 샀다.

맥 휘트먼은 미국의 명문 대학인 프린스턴에서 경제학을 배웠고, 하버드 비즈니스스쿨에서 MBA 학위를 받았다. 하지만 그런 학력을 가졌다고 해서 누구나 맥 휘트먼처럼 성공하지는 않는다. 사람들은 화려한 학력보다는 오히려 그녀가 가진 남다른 열정과 부드러운 카리스마가 오늘의 그녀를 만들었다고 이야기한다.

회사 구성원들의 의견을 경청하고 그들의 의견을 정책에 반영하는 한편, 새로운 정보를 끊임없이 받아들여 사고의 폭을 확대해 나가는 그녀의 경영법은 휘트먼식 리더십의 특징이다. 그녀는 현재 기업가의 길을 접고 공화당의 주요 당직자가 되어 그런 리더십을 정치에서 발휘하고 있다.

맥 휘트먼이 보여준 배짱과 추진력은 엄마의 교육 철학에서 비롯된다. 그녀가 6세 때 엄마는 4형제를 데리고 캐나다부터 알래스카까지 3개월 동안 캠핑을 떠났다. 그 당시 맥 휘트먼은 장난이 심하고 잠시도 가만히 있지 못하는 말썽꾸러기였다. 결국 심한 장난을 치다가 엄마에게 호된 야단을 맞고, 캠핑카에서 내려 알래스카의 고속도로를 뛰라는 벌을 받았다. 6세의 어린 여자아이에게는 너무 가혹한 벌이었지만, 그녀는 기업을 운영하면서 높은 벽에 부딪칠 때마다 그날의 일을 떠올린다고 한다. 어린아이의 몸으로도 춥고 두려운 고속도로를 달려냈는데 무엇이 두렵겠는가. 그날의 경험은 인내심과 배짱, 추진력을 갖추는 데 큰 밑거름이 되었다.

하지만 맥 휘트먼의 엄마가 아이들을 항상 엄하게만 대했던 것은 아니다. 그녀의 엄마는 아이들에게 교육이 필요하다고 생각될 때는 그 누구보다 엄하게 가르쳤지만, 아이들에게 도움이 필요할 때면 언제나 가장 큰 안식처가 되어 주었다. 특히 어린 딸에게는 사회의 구성원으로서, 또한 기업가로 살아가는 데 가장 큰 힘이 되어 주었다.

맥 휘트먼의 엄마가 딸에게 가장 많이 들려준 말은 "넌 원하는 것은 무엇이든 다 할 수 있단다. '머리가 나빠서' 또는 '너무 힘든 일이기 때문에' 일을 못한다고 생각하지 마라. 또 다른 사람들이 너에게 '아무도 그 일은 한 적이 없어.' '여자들은 안 그러던데?' 라고 말해도 네가 할 수 있다면 결코 포기하지 말아라."라는 말이었다.

엄마의 조언은 그녀가 중요한 결정을 할 때나 남성 부하직원을 대할 때마다 염두에 두는 인생 최고의 조언이었다.

맥 휘트먼은 이베이 사장직을 제의받자 미국 보스턴에서 신경외과 의사로 일하던 남편에게 사표를 내게 하고 두 아들과 함께 캘리포니아로 이사했다. 우리나라뿐만 아니라 미국도 아직은 '나는 여자니까' '엄마니까'라는 생각에 가족을 중심에 두고 자신의 일을 먼저 포기하는 여성들이 많다. 그러나 맥 휘트먼은 자신의 열정과 능력을 발휘할 기회를 포기하지 않았다. 휘트먼의 결정에 가족들이 두말없이 3천 마일을 함께 떠날 수 있었던 데는 그녀에 대한 가족들의 확고한 믿음 없이는 불가능했을 것이다.

대부분의 엄마들은 아이의 성공을 위해 엄한 교육관을 가진다. 그것이 잘못이라는 말은 아니다. 하지만 엄하고 강하게 키우는 것보다 더 중요한 것은 아이가 살아갈 원칙을 세워주는 것이다. 때로 그 원칙 앞에서 힘들어할 때는 가장 큰 위로가 되어주는 사람도 엄마여야 한다.

09
공상도 실천할 수 있는 것이면
더 좋지 않겠니?

맥도날드 창업자 레이 크락 엄마의 말

　맥도날드, 청바지, 코카콜라는 미국을 상징하는 기업이고 상품이다. 그 중 맥도날드는 전 세계 2만 9천 개의 매장을 가지고 있는데, 반미 운동이 벌어지면 제일 먼저 공격을 받는 대상으로 미국의 자존심으로 받아들여지기도 한다. 창업자인 레이 크락이 사망한 후 그의 아내 조앤 크락이 맥도날드를 이어받았는데, 그녀는 2007년 세상을 떠나면서 유산의 일부인 15억 달러(약 1조 7,600억 원)를 구세군에 기부해 다시 한 번 화제를 모았다. 지금까지 맥도날드를 둘러싼 많은 신화가 있었지만, 기부 액수로는 사상 최대라는 점에서 또 하나의 신기록으로 남았다.

오늘날 수없이 많은 커피 전문점과 패밀리 레스토랑 체인 사업은 맥도날드를 세운 레이 크락이 시작했다고 해도 과언이 아니다. 그는 제1차, 2차 세계대전 중에 청소년기를 보내 교육을 제대로 받지 못했고, 적당한 일자리도 구할 수 없었다. 제1차 세계대전이 진행되던 1917년 당시 15세였던 그는 적십자 운전사 직에 나이를 속이고 지원하기도 했다. 우여곡절 끝에 참전하기 위해 코네티컷 주까지 갔지만 전쟁이 끝나는 바람에 유럽으로 가지 못한 채 다른 직업을 찾아야 했다. 천신만고 끝에 야간에 라디오 방송국에서 피아노를 연주하는 직업을 구했다. 그러나 워낙 박봉이어서 그 일만으로는 생계를 꾸리기가 힘들었다.

20세가 되자 레이 크락은 종이컵을 파는 세일즈맨이 되었다. 종이컵을 파는 동안 새로운 전기를 맞게 되는데, 다중 믹서를 발명한 얼 프린스(Earl Prince)를 만난 일이다. 레이 크락은 그에게서 다중 믹서기 독점판매권을 사 17년간 미국을 휘젓고 다녔다.

52세가 되었을 때 캘리포니아 주 산 베르나디노에 있는 한 식당에서 두 번째 인생의 전환기를 맞는다. 이 식당은 자신이 판매한 8개의 믹서기를 쉴 새 없이 돌려 햄버거와 프렌치 프라이드, 청량음료, 밀크쉐이크 등 한정된 메뉴만 저렴하게 팔았다. 그는 이 식당의 운영 방식에서 힌트를 얻어 이런 식의 식당을 체인화하면 큰 돈이 될 것으로 판단했다. 식당 주인인 맥도날드 형제에게 동업을 제의했지만 주저했다. 그래서 그는 식당을 인수해 '맥도날드'라는 상호를 그대로 사용했다. 이때 그의 나이가 59세였다. 그는 89세로 사망할 때까지 맥도날드를 121개국 2만 9천여 점포를 지닌 거대 기업으로 성장시켰다.

그는 매우 많은 나이에 혁신적인 발상으로 뒤늦은 성공을 이룬 셈이다. 30여 년 경력의 종이컵 세일즈맨이 레스토랑 체인화를 생각한 것은 당시로서는 혁신적이었다. 그가 많은 나이에도 포기하지 않고 자기 꿈을 현실화한 데는 엄마의 힘이 컸다.

레이 크락의 엄마는 아들이 피아노 교습을 원했을 때, 많은 돈을 들여 그에게 피아노 교습을 받게 하는 대신 집안 일을 돕도록 했다. 아이가 원하는 것을 조건부로 허락한 교육 방식은 레이 크락에게 성취감을 주는 데 매우 효과적이었다.

뿐만 아니라 레이 크락은 어릴 때 공상을 즐겨 가끔 멍하니 앉아 있곤 했다. 하지만 그의 엄마는 공상에 빠진 아들에게 한 번도 "너는 왜 엉뚱한 생각만 하니!"라고 다그치지 않았다. 오히려 "우리 공상가가 또 공상에 빠졌구나. 하지만 공상도 실천할 수 있는 것이면 더 좋지 않겠니?"라고만 말했다.

당시는 경제 상황이 어려워 어린 아이들조차 일을 해야 먹고살 수 있을 때였고, 공상에 빠진 아들의 미래가 걱정스러울 수도 있었을 테지만 한 번도 비관적인 말을 하지 않았다. 항상 아들의 이야기에 귀기울여주었고, 그의 공상에 좋은 자극을 넣어주곤 했다. 엄마의 말 덕분에 레이 크락은 나이가 들어도 새로운 세계에 대한 호기심을 버리지 않았고, 세계적인 기업을 이룩할 수 있었다.

만약 그의 엄마가 "매일 쓸데없는 생각만 할래? 그럴 시간에 공부나 해라!"라며 그의 공상 습관을 비난했거나 "우리 레이는 상상력도 풍부하지! 정말 대단해!"라는 칭찬만 일삼았다면, 아마도 그는 늦은 나이에 새로운 사업에 도전할 수 없었을 것이다.

어린 시절의 상상력은 누구도 상상할 수 없는 엄청난 가치를 지닐 수 있다. 엄마의 긍정적인 관심이 그 상상력의 가치를 찾아내 아이의 미래를 바꿀 수 있음을 기억하자.

10

겁내지 말고 해봐,
너라면 할 수 있어!

미국 최초의 여성 대통령 후보
힐러리 클린턴 **엄마의 말**

힐러리 로댐 클린턴, 백악관 안주인 노릇을 8년 동안이나 하고도 미국 상원의원이 되었으며, 미국 역사상 최초로 민주당 대통령 후보, 미국 역사상 세 번째 여자 국무장관이 되었다. 여자로서는 최고의 지위로만 옮겨 다닌 사람이다. 그런 그녀도 어릴 때는 지극히 평범한, 겁 많은 여자 아이였다.

힐러리가 4세 때의 일이다. 힐러리 가족은 가난한 사람들이 모여 사는 시카고 시내에 살다가 교외의 부자 동네로 이사를 했다. 새로 이사 온 아이가 원래 살던 아이들과 처음부터 어울리기는 쉽지 않았다. 미국은 부자와 가난한 사람 간의 차별이 심해 가난한 동네에서 부자

동네로 이사 가면 많은 수모를 당한다. 힐러리는 건너편에 사는 수지라는 아이가 자기만 보면 떠민다며 울면서 돌아오기 일쑤였다. 밖에 나가서 노는 것도 싫어했다. 하루는 힐러리가 도망치듯 울면서 집으로 돌아오자 엄마가 막아섰다.

"힐러리, 네 스스로 어려움과 싸워야 해. 가서 네가 두려워하지 않는다는 것을 보여주렴."

힐러리는 회고록에서 그 당시 엄마가 "이 집에 겁쟁이가 있을 곳은 없다."고 한 말을 떠올렸다. 당시 힐러리의 엄마는 커튼 뒤에서 힐러리가 어깨를 펴고 당당하게 길 건너편으로 가는 걸 숨어서 지켜봤다. 수지와 당당히 맞선 후 집으로 돌아온 힐러리는 "엄마, 이제 남자 아이들과도 놀 수 있어. 그리고 수지랑은 친구가 될 거야."라고 말했다고 한다.

이처럼 힐러리의 엄마는 딸에게 경쟁을 두려워하지 않도록 가르쳤다. 남에게 기대지 않고 스스로 생각할 수 있는 능력도 키워주었다.

성격도, 정치적 이념도 너무나 다른 남편을 만나 많은 것을 참아야 했던 힐러리의 엄마는 특별한 꿈이 없이 살았던 자신의 인생과 달리 딸 힐러리는 꿈을 이루는 여성으로 키우고자 했다. 자기 인생에 주도적이고, 어떠한 상황에서도 물러서지 않는 강인한 여성으로 성장하기를 바랐다.

힐러리의 추진력을 알 수 있는 대표적인 일화가 있다. 대학교 졸업식 축사는 일반적으로 전교 수석이 하거나 오디션으로 선발했는데,

그 전례를 깨고 담당 교수를 일 대 일로 설득해 졸업식 축사를 맡았던 것이다. 웬만한 여대생이라면 학교 친구들의 눈치를 보거나 교수에게 무시당할 것이 두려워 도전조차 하지 못했을 테지만, 힐러리는 하고 싶다는 생각이 들자 담당 교수를 설득해 끝내 자기 뜻을 이룬다. 그녀의 졸업식 축사는 당시 미국 사회의 여성 차별에 대한 파격적인 일침이었고, 그 내용이 여러 대학 신문에 대서특필되었다.

힐러리는 여자들은 사회생활에 제약이 많은 시대에 태어났다. 일찍이 부모의 이혼을 지켜보았고 가정 형편도 좋지 못했다. 그러나 자신에게 불리한 상황이나 자신감을 갖기 어려운 상황에서도 포기하거나 물러서지 않았다. 힐러리는 주지사의 아내로, 또는 대통령의 영부인으로, 누군가의 배경으로 만족하지 않았다. 항상 자신이 할 수 있는 일에 도전했고, 결과를 이끌어냈다. 힐러리는 처음부터 자신의 한계를 정해 놓지 않았기 때문이다. 현실에 안주하지 않고, 불가능에 당당히 도전하는 여성이었다.

아이가 용기로 어려움을 극복하고, 하고자 하는 일에 두려움을 갖지 않도록 키우고 싶다면, 아이가 겪는 당장의 고통을 막아주는 데 급급할 것이 아니라 스스로 용기를 키우고, 망설임 없이 목표를 추구해 나가라고 말해 보자.

인디언의 자녀교육 10계명

❶ 꾸지람 속에서 자란 아이는 비난을 배운다.

❷ 적대감 속에서 자란 아이는 싸움을 배운다.

❸ 놀림 속에서 자란 아이는 수줍음을 배운다.

❹ 수치심 속에서 자란 아이는 죄책감을 배운다.

❺ 관대함 속에서 자란 아이는 인내심을 배운다.

❻ 격려 속에서 자란 아이 또한 인내심을 배운다.

❼ 칭찬 받고 자란 아이는 감사함을 배운다.

❽ 공평함 속에서 자란 아이는 정의를 배운다.

❾ 안정감 속에서 자란 아이는 신념을 배운다.

❿ 인정받으며 자란 아이는 스스로를 소중히 여긴다.

자식을 불행하게 만든 엄마들도 처음부터 자식을 불행하게 하려던 것은 아니다. 안타깝게도 방법이 잘못되었던 것이다. 잘못된 엄마의 말은 오히려 아이에게 열등감을 심어주거나 자신 감을 앗아가기 쉽다. 여기서 소개하는 것은 역사 속에 남아 있는 사례 중심이다. 이것이 우리 엄마들이 아이를 기르는 데 있어 피해야 할 말이라는 것을 깨닫는 데 도움이 되기를 바란다.

2장

자녀를 **불행**으로 이끈
엄마의 말

01
더러워 손대지 마!

미국 초기 항공과 영화 산업의 귀재이지만
결벽증으로 은둔자가 된 하워드 휴즈 **엄마의 말**

    총명한 머리, 조각 같은 외모, 그리고 막대한 유산으로 20대 초에 거부가 된 하워드 휴즈. 그는 물려받은 회사의 수익과 넘치는 재산으로 신사업을 시작했다. 당시 미국인 누구도 엄두를 내지 못한 영화와 비행기, 이 두 분야는 가장 매력적인 최첨단 사업인 동시에 그가 어릴 때부터 간직한 꿈이었다. 하워드 휴즈는 후에 자신도 비행기 조종사가 되었으며, 세계 최초로 비행기가 등장하는 영화를 찍었다. 그는 미국의 항공과 영화 산업을 한 단계 향상시켰다는 평가를 받고 있다. 또 수많은 인기 여배우들과의 스캔들로 세상을 떠들썩하게 만들기도 했다.

극단적인 반공운동이 미국을 강타하자 하워드 휴즈의 지나친 성공을 견제하던 세력들이 그를 공산주의자로 몰아 의회 청문회에 서기도 했지만, 당당하게 자기주장을 펼 만큼 용기도 있었다.

그런데 그의 뛰어난 성공에도 불구하고 엄마가 심어준 전염병에 대한 강박증이 지나친 결벽증으로 발전해 불행한 인생을 살아야만 했다. 그의 일생을 그린 영화 〈에비에이터〉는 엄마가 아들을 목욕시키면서 '오염'을 뜻하는 단어 'contamination'을 한 글자씩 외우게 하는 것으로 시작한다.

하워드 휴즈의 엄마는 밖으로만 도는 남편 대신 모든 것을 아들에게 걸었다. 그 당시에는 급속한 산업사회 진입으로 전염병 발생이 잦았다. 그래서 그의 엄마는 남편이자 아들이기도 한 휴즈에게 전염병이 옮을까봐 전전긍긍한다. 그런 엄마의 마음이 전염병이라는 말을 외우게 해 아들의 결벽증을 키웠다.

하워드 휴즈는 성인이 된 후에도 세균 감염에 대한 두려움으로 화장지로 손을 감지 않고는 어떤 물건도 만지지 못했고, 비서에게 고무장갑을 낀 채 타이핑하라고 요구했다. 신문은 반드시 3부를 사서 그중 가운데 것을 휴즈에게 주었으며, 그에게 물건을 건네줄 때는 흰색 면장갑을 껴야 했다.

하워드 휴즈의 엄마는 남편과의 불화에서 오는 분노, 외로움, 고통을 보상받기 위해 자식에게 지나치게 집착했다. 그 방법 가운데 하나가 강박적인 결벽증이었다. 엄마의 과도한 기대와 지나친 결벽증은 영화 산업의 천재이자 선구자로 추앙받던 하워드 휴즈를 점점 정신병자로 몰아갔다. 하워드 휴즈의 엄마는 자기 인생을 개척하지 못하고 자식까지 불행하게 만들어버린 것이다.

40대가 되자 휴즈는 정신장애가 심해져 세상으로부터 자신을 격리시켰다. 자기 명령에 무조건 복종하는 비서들에게 둘러싸여 점점 퇴행적으로 변해 갔고, 결국 재산마저 모두 잃고 은둔자로 불행한 일생을 마쳤다.

지금 자식에게 자신의 인생을 걸고 있는 엄마라면, 그것이 과연 자식에게 얼마나 큰 멍에를 씌우고 있는지 생각해 보길 바란다.

02
아버지가 다 알아서 할 거야

평생 정상적인 가정을 이루지 못한 채 요절한
프란츠 카프카 **엄마의 말**

가족들을 먹여 살리기 위해 성실하게 일하며 살던 한 남자가 있다. 그는 어느 날 아침, 밤 사이에 자신이 흉측한 벌레로 변해 버린 것을 알게 된다. 그 남자의 이름은 '그레고르 잠자'. 그는 자신이 벌레로 변한 것이 현실이 아닌 것만 같았다. 잠을 더 자고 나면 다시 달라질 것이라고 스스로를 다독인다. 그러나 평소의 기상 시간을 훌쩍 넘긴 것을 알자 자신이 벌레로 변한 사실은 잊고 평소처럼 회사에 지각할 것만을 걱정한다. 사장에게 어떻게 변명해야 할까. 그러나 거울 속의 자신은 여전히 흉측한 벌레 그대로이다.

잠시 후 가족들은 그가 징그러운 벌레로 변한 것을 발견하고 그를 외면한다. 가족답게 위로해 주거나 따뜻하게 감싸주는 사람은 없었다. 엄마마저 아들이 원래 모습을 되찾을 수 있도록 애쓰는 것이 아니라 하루아침에 벌레로 변한 아들을 공포의 대상으로만 바라본다. 아버지는 노골적으로 혐오감을 드러낸다. 누이동생만이 그를 보살펴주려고 했지만 도움이 되지는 못한다.

그는 차츰 벌레로 사는 일에 적응하려고 노력한다. 그러나 몸은 벌레로 변했지만 인간으로 지내던 시절의 기억을 고스란히 간직한 채 가족과 더 이상 소통할 수 없는 현실을 괴로워한다. 그는 홀로 고통 속에서 죽어간다. 가족을 위해 평생을 희생해 온 그가 죽자, 가족들은 그의 죽음을 감사하는 기도를 드리고 소풍을 떠난다.

프란츠 카프카의 작품 《변신》에 등장하는 가족 이야기다. 그의 가족관이 그대로 배어 있는 작품이기도 하다. 그는 엄마에 대한 좋은 기억이 거의 없다. 아버지는 항상 적대적이었고, 그를 고통에 빠뜨리는 사람으로만 기억되어 있다. 카프카는 아버지에게 보내는 편지에서 "아버지 당신은 거대하고, 강하고, 폭이 넓습니다. 당신의 손에 매달린 나는 우울한 해골 바가지죠."라는 구절을 통해 억압된 감정을 표출했다. 반면 엄마는 아버지의 그늘에 가려 아들에게 위로의 말 한 마디 들려주지 못했다.

카프카는 체코의 프라하에서 태어났다. 카프카의 부모는 박해받는 유대인이었다. 그의 아버지는 가난한 푸줏간집 아들로 태어나 일찍이

자수성가한 사람이었고, 엄마는 부르주아 집안 출신이지만 무능했다. 아버지가 기반을 마련하는 데 큰 도움을 주었지만 남편에게 절대 복종했다.

자수성가한 상인으로 독선적이었던 카프카의 아버지는 아들에게 "나는 그 어려운 환경에서도 이만큼 해냈는데, 부족한 게 없는 너는 왜 그렇게밖에 못하느냐!"며 몰아붙였다. 어린 시절부터 그의 마음속엔 부모에 대한 대립 감정이 싹틀 수밖에 없었다.

카프카는 어릴 때 두 명의 남동생이 차례로 죽는 모습을 보았다. 그는 그것을 자신의 잘못으로 받아들였다. 아이는 동생이 태어나면 부모의 사랑을 빼앗긴다는 생각에 '동생이 없었으면……' 하는 상상을 하게 된다. 그런데 그것이 현실로 나타나니 큰 죄책감에 빠진 것이다. 현명한 부모라면 아이에게 상황을 차근차근 설명해 주고 마음의 상처를 입지 않도록 해주는데, 그의 부모는 전혀 그러지 못했다. 그래서 카프카는 평생을 먼저 세상을 떠난 동생들에 대한 죄책감을 안고 살아야만 했다.

아버지는 병약하고 감수성이 예민한 아들을 있는 그대로 받아들이지 않고 무조건 강하게 키우려고만 했고, 엄마는 그런 아버지를 지켜만 보았다. 힘들고 외로울 때 그는 가족으로부터, 특히 엄마로부터 단 한 마디의 위로도 듣지 못했던 것이다. 그는 타고난 작가였지만 부모가 그 재능을 살려주지 못했고, 그 결과 가족제도를 고발하는 《변신》 같은 몇 편의 작품만 남긴 채 일찍 세상을 떠났다.

아이의 타고난 적성을 무시한 채 무조건 자기 방식으로 키우려 했던 아버지의 교육법도 문제지만, 그 상황을 소극적으로 바라만 봤던 카프카 엄마의 무능함이 아이에게는 더 큰 상처를 주었을 것이다. 아이의 몸과 마음의 상태를 가장 잘 알 수 있는 사람은 항상 곁에 있을 수 있는 엄마이다. 그런 엄마가 아무런 역할을 못하면 아이가 받는 상처는 상상 이상임을 기억하자.

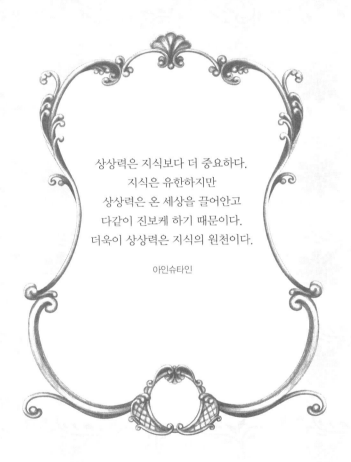

상상력은 지식보다 더 중요하다.
지식은 유한하지만
상상력은 온 세상을 끌어안고
다같이 진보케 하기 때문이다.
더욱이 상상력은 지식의 원천이다.

아인슈타인

03

네가 하는 일은
뭐든지 다 옳다

광기로 세계를 전쟁으로 물들인 히틀러 **엄마의 말**

　한 세기를 광풍 속으로 몰아넣고 세계사를 바꾼 남자. 이 사람만큼 전 세계인에게 악의 화신으로 생생히 기억되는 사람도 없다. 그는 예술적 재능과 뛰어난 언변을 타고났으나, 이를 악의적으로 이용해 전 인류를 고통 속에 몰아넣었다. 그의 광폭하고 호전적인 행동에는 부모의 양육 태도가 깊은 영향을 준 것으로 밝혀졌다.

　히틀러의 아버지는 중산층의 부친과 하녀였던 모친에게서 태어났다. 히틀러의 아버지는 출신은 미천했지만 머리가 좋고 야망이 컸다. 열심히 노력해 세무 공무원이 되었지만 출신이 변변치 못한 것 때문에 그 역시 아버지 집안의 가정부와 결혼했다. 그 사이에서 히틀러가 태어났다.

히틀러는 초등학교 때까지만 해도 성적이 우수한 모범생이었다. 하지만 출세욕이 강했던 히틀러의 아버지는 아들의 예술가 기질을 인정하지 않고 자기처럼 공무원으로 만들려고 혹독하게 다루었다. 히틀러는 아버지에 대한 반항심에 오히려 학교 공부를 포기해 버린다. 훗날 "아버지가 나를 관리로 만들까봐 공부하기가 싫었다."고 고백할 만큼 아버지에 대한 증오심이 심했다. 부모가 아이의 적성을 무시한 채 자신들의 뜻대로 아이의 장래를 결정하면 생기는 부작용을 그대로 가지고 있었다. 히틀러의 반항적인 태도는 아버지를 더욱 화나게 만들었고, 아버지의 광폭한 태도에 질린 아들은 아버지에 대한 분노를 사회에 대한 분노로 표출하기에 이른다.

당시 유럽은 가부장적인 제도 아래에 있었다. 그래서 많은 아버지들이 독단으로 집안과 자식의 장래를 결정했다. 그러나 지혜로운 어머니는 아버지의 억압적인 가치관을 슬기롭게 극복하고 자식들을 잘 키워냈다. 그 대표적인 예가 나폴레옹이나 윈스턴 처칠의 엄마이다.

그러나 히틀러의 엄마는 아버지에 대한 아들의 분노와 광기를 지켜만 보았다. 히틀러는 아버지에게 억눌려 살고 있는 엄마를 보호하려고 아버지를 향해 분노를 표출할 때도 있었는데, 엄마는 그런 아들에게서 위안을 받았기 때문이다.

히틀러는 공부와 담을 쌓는 바람에 대학 진학이 가능한 김나지움에 입학하지 못하고 실업학교로 진학해야 했다. 실업학교도 성적이 불량

해 졸업장을 받지 못했다. 그는 학교를 그만두자 사회와도 단절되어 더욱 소심해진다. 만약 이때라도 엄마가 아들에게 긍정적인 자극을 주었다면 그의 인생은 크게 달라졌을 것이고, 우리의 세계사도 달라졌을 것이다.

히틀러는 독일 통치권을 장악한 후에도 아버지는 물론 엄마에 대한 추억을 단 한 번도 언급하지 않았다. 아들의 재능과 적성을 인정하지 않고 자신의 뜻대로 하려 한 아버지도 문제지만, 나쁜 행동조차 아이가 하는 대로 내버려둔 엄마도 자식을 파멸시킨다.

요즘은 한 자녀만 키우는 가정이 많다. 아이를 사랑하는 마음에 잘못을 저질러도 따끔하게 야단치지 않고 그냥 넘어가는 부모들이 많은데, 그것은 결코 자식을 사랑하는 길이 아님을 알아야 한다.

04

네가 훔쳐온 감자
정말 맛있구나

자식의 도둑질을 부추겨 사형수로 만든 **엄마의 말**

한 사형수 이야기다. 알고 계신 분들도 많겠지만 모르는 분들을 위해 소개한다.

사형 집행을 앞둔 사형수들이 머리에 용수(머리부터 목까지 뒤집어 씌워 얼굴을 가릴 수 있도록 만든 대나무 바구니)를 쓰고 끌려가고 있었다. 길거리에서 그들을 구경하는 군중 속에는 한 사형수의 엄마도 서 있었다. 하지만 아들은 용수를 쓰고 있었기에 엄마를 보지 못했다. 아들의 죽음이 안타깝기만 한 엄마는 감시가 잠깐 소홀해진 틈을 타 아들에게 바짝 다가서 그의 이름을 불렀다.

"아이고, 이 녀석아! 도대체 어떻게 하다가 이런 지경까지 오게 된

거냐?”

그러자 아들은 갑자기 사나운 짐승처럼 엄마에게 달려들며 울부짖었다.

“내가 이런 일을 당하는 것은 다 당신 때문이야! 당신이 내가 감자를 훔쳐왔을 때 맛있다는 말만 하지 않았어도 내가 도둑놈으로 자라지는 않았을 거야!”

사형수의 절규를 듣고 그곳에 모인 사람들은 모두 그의 엄마를 쳐다보았다. 그의 엄마는 너무 놀라 그저 멍하니 서 있었다.

모자의 집안은 몹시 가난했다. 끼니를 잇기도 어려웠다. 어린 아들은 배고픔을 참지 못하고 옆집에서 감자를 훔쳐왔다. 어머니는 그런 아들을 야단치지 않고 “감자가 맛있구나.”라고 말했다.

아들은 엄마에게 칭찬받는 것이 기뻐서 계속 더 많은 것들을 훔쳐왔다. 점차 그는 남의 물건을 훔치는 것에 죄책감을 갖지 않게 되었다. 오히려 도둑질에 재미를 붙였다. 그렇게 남의 물건을 훔치다가 들키자 살인까지 저지르게 된 것이다.

자식의 작은 잘못을 대수롭지 않게 여기는 엄마의 태도가 결국 자식을 파멸의 길로 이끈 것이다. 사형수의 엄마 역시 아들이 살인자가 되기를 바라는 마음에서 아들의 도둑질을 묵인했던 것은 아닐 것이다. 큰 일이 아니라고 생각했을 테고, 당장은 아들의 행동이 집안 살림에 도움이 되니 잠자코 있었을 것이다.

아이는 엄마가 칭찬하면 그 일을 더 열심히 하고 싶어 한다. 요즘 엄마들은 내 아이의 성적을 높이는 것이 가장 큰 관심사이다. 그래서 "너는 집안일은 신경 쓰지 말고 공부만 하거라."라고 말하는 부모들이 많다. 혹은 수단 방법 가리지 않고 성적을 높였을 때도 칭찬만 하는 부모들이 있다. 그런 엄마라면 공부 잘하는 자식을 두는 기쁨은 맛볼 수 있을 것이다. 하지만 다른 사람, 무엇보다 부모를 공경하고 배려하는 자식은 포기해야 한다.

05
누구도 너를 막지 못할 것이다

위선자가 되어버린 전 뉴욕 주지사
엘리엇 스피처 **부모의 말**

충격적인 사건을 일으킨 사람의 부모에 대한 이야기는 자세히 전해지지 않는다. 부모의 인권을 보호해야 하기 때문이다. 그러나 사건의 배경에 그의 부모가 영향을 끼쳤다고 판단되면 사람들에게 알려지기도 한다.

2008년 봄, 성매매 사건으로 세계적인 망신을 당한 미국 뉴욕 주지사 엘리엇 스피처의 경우가 바로 그러하다. 그는 항상 윤리개혁을 강조하며 부패 추방을 밀어붙였다. 검찰총장 시절에는 월스트리트의 금융 비리 등 화이트칼라 범죄를 척결해 '월가의 저승사자'로 불렸고, 뉴욕의 고급 매춘 조직 두 곳을 적발해 명성을 날렸다. 이런 점 때문에 《타임》 지에 의해 '올해의 개혁가'로 뽑히기도 했으며, 뉴욕 주지사 시절에는 '미스터 클린'이라는 별칭을 얻고 민주당 차세대 지도자로 부상했다.

그런 그의 불미스러운 사건이 밝혀지자 미국인들은 물론, 그를 잘 모르는 우리나라 사람들도 충격을 받았다.

미국의 언론들은 '도대체 무엇이 앞날이 보장돼 있는 한 남자를 추락시켰는가?'를 집중 조명했다. 대부분의 언론은 엘리엇 스피처의 부모를 지명했다.

엘리엇 스피처의 아버지는 백만장자였다. 그러나 그의 부모는 결코 만족을 몰랐다. 그래서 자식은 자신들보다 더 유명하게 되기를 바랐다. 《타임》 지는 '스피처의 몰락은 이미 예고돼 있었다'는 제목의 기사에서 "스피처는 학창 시절부터 만족을 모르는 불행한 사내였다."고 소개했다. 스피처는 백만장자 아버지 슬하에서 부족한 것 없이 태어났지만 엄격하고 목적 지향적인 부모 밑에서 끊임없이 실험당하며 자랐다고 보도했다.

한 가지 일화로 그의 아버지는 스피처가 초등학교 입학할 나이부터 아들을 상대로 모노폴리 게임을 하며 경쟁심을 부추겼다. 게임이더라도 집세를 제때 내지 못한 아들에게 재산을 다 내놓도록 강요하곤 했는데, 이런 놀이를 통해 목적을 위해서는 수단 방법을 가리지 않는 태도를 만들어주었다고 한다. 그래서 '누구도 나를 막을 수 없다. 나는 실패하지 않는다.'는 잘못된 자신감을 갖게 되었다는 것이다.

《뉴스위크》도 최고 권력에 오른 남자가 단순한 성적 욕망으로 파멸에 이르는 이유는 대개 어린 시절 형성된 만족을 모르는 욕심 때문이라고 분석했다. 최고의 환경을 당연하게 생각하고, 목표를 향한 맹목적인 집착에만 몰두했었던 그였기에 한 번도 자신이 진정으로 원하는 것이 무엇인지 진지하게 고민해 볼 시간이 없었던 것이다. 그래서 그는 인간의 욕망을 슬기롭게 극복하는 방법을 배우지 못했고, 결국 치욕적인 사건으로 물러날 수밖에 없었다.

자식의 성공을 위해 모든 것을 희생하는 이 시대의 부모들이 놓치고 지나갈 수 있는 중요한 부분을 깨우치게 해준 사건이다.

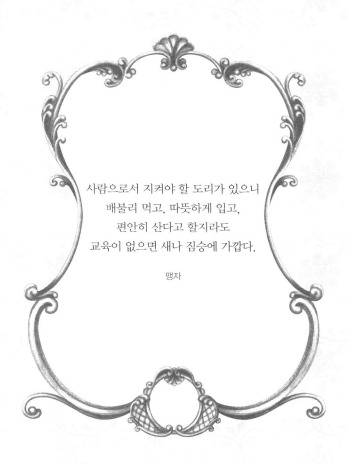

사람으로서 지켜야 할 도리가 있으니
배불리 먹고, 따뜻하게 입고,
편안히 산다고 할지라도
교육이 없으면 새나 짐승에 가깝다.

맹자

06

딸아, 돈 좀 다오

상송의 여왕 에디트 피아프 **엄마의 말**

아직도 프랑스 대중 음악하면 그녀의 노래를 연상하는 사람들이 많다. 프랑스의 전설적인 상송 가수 에디트 피아프는 1915년 유랑서커스단의 배우인 아버지와 길거리 가수 엄마 사이에서 태어났다.

아버지는 광대한 공동묘지와 같은 전쟁터에 나가 있거나, 다른 여자들을 만나고 다니느라 엄마 혼자 겨우 여섯 살 난 딸을 데리고 길거리에서 노래를 불러 근근이 살아갔다. 그러던 어느 날 엄마마저 가출하자 아버지는 딸을 매춘업을 하는 할머니에게 맡긴다. 비록 환경은 척박했지만 할머니 댁에서 많은 사람들의 사랑을 받으며 지낼 수 있었다.

그러나 이도 잠시 에디트 피아프의 교육을 위해선 이 지역을 벗어나야 한다는 동네 신부님의 말에 따라 그녀는 아버지의 손에 이끌려 다시 거리의 삶으로 돌아와야 했다. 아버지는 그녀를 데리고 떠돌아다니며 거리에서 공연을 했다. 15세가 되면서 그녀는 아버지 곁을 떠나기로 결심하고 혼자 거리에서 노래 부르며 자신의 생계를 이어 나갔다.

얼마 후 알코올 중독자가 되어버린 엄마가 딸 앞에 나타났다. 그리고 거리 공연으로 번 돈으로 근근이 살아가는 딸을 쫓아다니며 술 살 돈을 달라고 집요하게 졸랐다. 에디트 피아프는 그런 엄마를 보는 것이 괴로워 술을 마시다가 안타깝게도 10대의 나이에 엄마처럼 알코올 중독자가 되고 만다.

그녀의 뛰어난 실력을 알아본 한 카바레 운영자에게 발탁되어 무대에 서면서 경제적인 안정을 찾았지만, 알코올 중독에서는 벗어나지 못했다. 또 자신을 도와주었던 카바레 운영자의 살인 누명까지 쓰는 등 어려움도 겪었다. 그러던 중 '레이몽 아소'라는 작곡가를 만나 밤무대 가수라는 타이틀을 벗어 던진다. 대형 뮤직홀에서 공연을 하고, 마침내 그녀는 프랑스 최고의 샹송 가수로 부각돼 뉴욕으로 진출한다. 그러나 알코올 중독을 고치기는커녕 마약까지 손을 대 나중에는 마약 없이는 노래를 못하는 지경에 이르고 말았다.

에디트 피아프는 타고난 재능으로 대중 가수로서는 세계 최고의 자리까지 오르지만 평생을 술과 마약에서 벗어나지 못하고 결국 비참한

죽음을 맞았다.

자식은 부모의 뒷모습을 보고도 배운다고 하지 않던가. 굳이 말이 아니더라도 부모의 행동 하나, 특히 가장 가까운 엄마의 삶의 자세가 자식에게는 삶의 지표가 될 수 있음을 깨닫게 한 이야기이다. 모범을 보이지 않으면서, 자식에게만 바르게 행동하라고 말하는 엄마들을 반성케 하는 사례일 것이다.

500년 명문가의 자녀교육 10계명

❶ 평생 책 읽는 아이로 만들어라.
　　– 서애 류성룡 종가

❷ 자긍심 있는 아이로 키워라.
　　– 석주 이상룡 종가

❸ 때로는 손해 볼 줄 아는 아이로 키워라.
　　– 운악 이함 종가

❹ 스스로 재능을 발견하도록 기회를 제공하라.
　　– 소치 허련 가문

❺ '공부에 뜻이 있는 아이끼리' 네트워크를 만들어라.
　　– 퇴계 이황 종가

❻ 세심하게 점검하여 질책하고 조언하라.
　　– 고산 윤선도 종가

❼ 아버지가 자녀교육의 '매니저'로 직접 나서라.
　　– 다산 정약용가

❽ 최상의 교육 기회를 제공하라.
　　– 호은 종가

❾ 아이들의 '멘토'가 되라.
　　– 명재 윤증 종가

❿ 원칙을 정하고 끝까지 실천하라.
　　– 경주 최부잣집

《5백년 명문가의 자녀교육》 가운데

• • • • • • • •

아이가 엄마와의 대화를 피한다면 이유는 대개 엄마에게 있다. 아이가 뱃속에 있을 때는 발
길질 하나에도 기뻐하던 엄마가 아이가 자라 학교에 입학한 후에는 살가운 말보다는 "숙제는
다 했니?" "학원 안 가니?" 하며 다그치기부터 하지 않는가. 엄마가 항상 지적만 하고 위로
가 되어주지 못하면 아이는 엄마와의 대화를 피한다. 그러나 아이가 듣고 싶은 말하기를 배
우면 이런 문제를 막을 수 있다.

3장

자녀가 엄마와의 대화를 즐기게 하는 말

01
네가 왜 속상한지 알지만,
안 되는 것은 안 돼

설득형 **엄마의 말**

　다른 사람들 앞에서는 교양을 챙기면서도 막상 자식을 보면 "오늘은 또 어떻게 싸우며 보내나. 자식이 아니라 웬수야 웬수!"라고 원색적으로 투덜대는 엄마들을 많이 본다. 그렇다면 왜 엄마는 아이와의 관계가 이토록 힘든 것일까?

　첫째, 어린 아이들의 에너지를 어른이 감당하기는 힘들다. 하루종일 아이들 뒤를 쫓아다니다 보면 엄마는 육체적으로 지친다. 몸이지치면 이성이 무뎌진다. 그래서 자기도 모르게 원색적으로 짜증을내게 된다.

　둘째, 엄마는 오직 자식 잘 되기만 바라며 온갖 고생을 감수하는데 아이가 그 뜻을 따라주지 않으니 분하다.

셋째, 요즘 엄마는 엄마 노릇만 할 수가 없다. 한 집안의 아내이자 부모님의 딸이며 며느리이고, 또 직장인의 역할도 갖고 있는 경우가 많다. 그 중 쉬운 것은 하나도 없다. 엄마가 신(神)이 아닌 이상 모든 것에 완벽할 수는 없는 노릇 아닌가.

넷째, 엄마가 낳았다고 자식의 속마음까지 꿰뚫어 볼 수는 없다. 그래서 가끔은 내 아이가 맞나 싶어 당황할 때가 있다.

이런 엄마들의 심정은 십분 이해하지만, 우리 아이들이 얼마나 깨지기 쉬운 존재인지 말해야겠다. 엄마가 감정적으로 말하면 아이는 자신이 잘못했다고 반성하며 하던 행동을 중지하는 것이 아니라, 엄마에게 버림받을까봐 두려워서 반성하는 척한다. 두려움이 소거되지 않으면 점점 엄마와의 대화를 피하며 눈치를 보게 된다. 그런데도 엄마는 아이 마음도 모른 채 "우리 아이는 통 말을 안 해서 답답해요." "우리 애들은 저만 보면 슬슬 피해요." 등의 걱정을 늘어놓는다. 그러나 세상의 모든 문제에는 해답이 있게 마련이고, 해답은 항상 가까운 곳에 있다.

엄마가 아이와의 관계에서 스트레스를 받는 요소를 찾아 제거하기만 해도 아이와의 대화 문제를 쉽게 해결할 수 있다.

첫째, 아이를 일일이 쫓아다니지 않고 적당히 놔준다. 웬만한 일은 아이 스스로 해결하도록 그냥 둔다. 아이들은 적당히 깨지고 넘어지며 배운다. 자기가 경험해 보고 잘못된 일은 되풀이하면 안 된다는 것을 배운다. 호기심이 많은 아이들은 이런저런 탐색활동을 많이 하는데, 일 저지를까봐 걱정하며 쫓아다니면 에너지만 낭비된다. 아이를 적당히 놔두면 엄마에게 여유가 생기니 짜증이 한결 줄어든다.

둘째, 아이가 무엇을 원하는지 묻지 않고 무조건 부모의 뜻을 강요하면서 아이가 고마워하기를 바라지 말자. 아이에게 벅찬 일을 시키려면 반드시 아이의 사정을 들어보고 "엄마도 네가 왜 그것을 힘들어하는지 안다. 하지만 세상에는 하기 싫은 일을 해야 할 때도 많단다."라고 타이르자.

셋째, 엄마에게는 할 일이 정말 많다. 그 어느 것 하나 소홀이 할 수가 없다. 그렇다면 우선순위를 정해 보자. 매일 모든 일을 완벽하게 다 할 수는 없으니, 그날 할 수 있는 일의 범위를 정한다. 예컨대 아이와의 대화를 우선순위에 둔다면 집안일이 밀리더라도 먼저 아이의 말부터 듣는다. 그럴 수 없는 상황이라면 "엄마가 지금은 좀 바빠서 네 이야기를 듣기가 어렵겠다. 네가 도와주면 빨리 끝낼 수 있는데."라고 말한다면 아이에게 엄마가 자신과의 대화를 회피한다는 오해를 받지도 않고, 또 자기 힘으로 엄마를 도왔다는 뿌듯함까지 주어 엄마와의 대화를 즐기게 될 것이다.

넷째, 아이는 부모가 생각하는 것처럼 마냥 철부지는 아니다. 자기 나름대로는 부모에게 인정받으려고 노력한다. 그런데도 실수를 저지르는 것은 힘에 부쳐 그런 것이다. 조심성 있는 아이는 그릇이나 화분을 다루기 전에 "그릇 깨면 엄마가 혼내지요?"라고 물어 슬쩍 처벌

수위를 가늠해 보기도 한다. 그러니까 만약 자기가 실수해서 그릇을 깨면 얼마나 야단을 칠 것인지를 물어보는 것이다. 그런데 엄마가 아이의 그런 속마음을 헤아리지 못하고 "그릇을 깨면 혼날 줄 알아! 그러니까 조심해!"라고 으름장을 놓으면 아이는 지레 주눅이 들어 더욱 실수하게 된다. 이때는 그릇만 깨지는 것이 아니라 아이의 마음도 깨져버린다.

아이가 당연히 해야 할 일을 안 하면서 짜증을 내거나 엉뚱한 핑계를 대면 "네가 왜 속상한지 엄마가 알아. 그렇지만 안 되는 것은 안 되는 거란다."라고 말해야 아이가 자신의 답답한 심정을 이해하는 사람은 엄마뿐이라고 생각하고, 어려운 일이 생기면 제일 먼저 엄마에게 털어놓을 것이다.

02
이유를 들어보고
어떻게 할지 생각해 보자

논리형 **엄마의 말**

어느 날 아이가 느닷없이 "엄마 나 학교 안 가!"라고 말하면 아무리 쿨한 엄마라도 당황스러워 소리를 높인다. "아니, 도대체 왜?" "내가 너 때문에 못살아! 왜 또 그래?" "학교를 안 가다니 도대체 나중에 뭐가 되려고?" 등의 말로 으름장을 놓기 쉽다. 마음이 약한 엄마는 "그러지 말고 학교 가. 다녀오면 네가 사달라던 ○○○ 사줄게."라고 회유하기도 한다. 그러나 이런 말들은 아이와의 대화에 전혀 도움이 되지 않는다.

아이는 진짜로 학교에 가기 싫은 것이 아니라 학교생활에 어려움을 겪고 있다는 것을 하소연하고 있기 때문이다. 아이가 "학교 안 가!"

라고 말하는 진짜 이유를 찾아보지도 않고 위협과 회유를 하면 그날은 학교에 보낼 수 있겠지만 아이가 갖고 있는 학교생활의 문제는 그대로 남는다. 아이는 왕따를 당하거나 선생님과의 불화로 학교생활이 싫어졌는데도 더 이상 엄마에게 하소연할 수 없게 된다. 그리고 '말해 봤자 소용없다.'고 단정하게 된다.

이런 일이 되풀이되면 점차 엄마에게 말할 수 없는 일이 많아진다. 나중에는 엄마와의 대화가 서먹해진다. 아이와 대화가 안 되는 원인을 알아보지 않고 결과에만 집착하면 악순환이 되풀이될 뿐이다.

학교 잘 다니던 아이가 느닷없이 "학교 안 가!"를 외칠 때의 속마음은 대강 다음과 같다.

첫째, "선생님이 나에게 부당한 일을 시켜 억울해. 엄마가 말려줘."

아이에게 선생님은 부모 못지않게 절대적인 권위를 갖는 사람이다. 그러나 선생님도 사람이다. 많은 아이들을 가르치다 보면 때로는 우리 아이에게 억울한 상황을 만들 수 있다. 그럴 때 아이는 선생님과 맞설 힘이 없기 때문에 엄마가 나서주기를 바란다. 먼저 엄마가 그래 줄 의사가 있는지 마음을 떠보려고 "학교 안 가!"를 외쳐보는 것이다.

둘째, "선생님에게 무시당했어!"

선생님은 별 뜻 없이 "그것도 숙제라고 했니?" 또는 "발표가 그게 뭐야?"와 같은 말로 핀잔을 주었는데 예민한 아이는 모욕감을 느낄 수 있다. 엄마에게 털어놓고 싶기는 한데 털어놓았다가 오히려 "네가 발표를 못해서 그런 거지."라는 핀잔이나 듣지 않을까 걱정된다. 그래서 어떻게 나올지 떠보려고 "학교 안 가!"를 외쳤다.

셋째, 엄마가 자기 마음에 안 드는 행동을 반복했다. 엄마 친구들 앞에서 밝히기 싫은 자신의 사생활을 공개했거나 일기장을 훔쳐보았다. 그에 대한 강력한 항의 방법으로 엄마가 가장 충격받을 만한 말을 외치기도 한다.

넷째, 친구들에게 왕따를 당하거나 유난히 괴롭히는 아이가 있어서 진짜로 학교에 가기 싫다. 엄마에게 잘못 말하면 "네가 문제."라고 야단을 맞거나 엄마가 너무 속상해 할 것이 걱정된다. 그래서 "학교 안 가!"를 외쳐 엄마에게 의논해야 될지 말지를 가늠해 본다.

다섯째, 엄마에게 원하는 물건을 사달라고 했는데 잘 안 통했다. 그래서 엄마가 가장 두려워하는 "학교 안 가!"라는 말로 엄마를 놀래켜 목적을 달성하고 싶다.

이처럼 아이의 말 속에는 여러 의미가 담겨 있다. 단순히 "공부하기 싫군."이라고 엄마가 자의적으로 해석해서는 안 된다.

아이가 "학교 안 가!"라고 말하면 흥분하지 말고 "네가 왜 그런 말을 하는지 엄마에게 말해 줄래? 이유를 들어본 다음에 엄마 생각을 말할게."라고 해보자. 아이가 속마음을 털어놓기 시작하면, 아이의 말이 마음에 들지 않더라도 결코 중간에 잘라서는 안 된다. 대신 "저런 정말로 화가 났겠구나." "선생님이 너무 하셨네."라고 맞장구를 쳐 아이의 마음에 쌓인 분노를 소거시켜주어야 한다. 그러면 아이가 안심하고 속마음을 열어 보인다.

《부모와 아이 사이》의 저자 하임 G. 기너트는 자신의 저서에서 "아이는 특정한 순간에 엄마가 자기 마음속에서 무슨 일이 일어나고 있는지, 자기 기분이 어떤지를 알아서 이해해 주기를 바란다. 자기가 경험한 것들을 다 들춰내 알려주는 것은 엄마를 흥분시킬 수 있어 위험하다고 생각한다."라고 말했다.

아이가 갑자기 "학교 가기 싫어." 또는 "학원 다니기 싫어."를 외칠 때는 "다니기 싫은 이유를 엄마에게 들려주면 엄마 생각을 말해줄게."라고 말해 보라. 아이가 자기 생각을 털어놓고 엄마에게 도움을 요청할 것이다.

03

네가 그렇게 해주어서
엄마는 기뻐

축복형 엄마의 말

    한동안 '아이는 칭찬을 먹고 자란다' '칭찬받고 자란 아이가 당당하다' 등 자녀교육계에서 칭찬을 강조하는 전문가들이 각광을 받았다. 그러나 최근에는 무조건적인 칭찬은 독이 된다는 주장을 펼치는 학자들이 주목받고 있다. 그러다 보니 아이를 어떻게 칭찬해야 약이 되는지 고민하는 엄마들을 많이 본다.

    아이가 잘못을 저질러도 "너는 원래 착한 애야. 그렇지 않니?" "너는 그런 것쯤은 잘할 수 있어. 그렇지?" 등의 칭찬 남발로 아이의 버릇을 나쁘게 만들거나 쓸데없는 자만심을 키우는 엄마들이 있다. 한편으로 '착한 아이'라는 칭찬을 받은 아이는 나쁜 생각이 떠오르면

'나는 알고 보면 나쁜 애'라는 죄책감을 갖기도 한다.

엄마에게 "너는 영리한 아이야."라는 칭찬을 들은 아이도 자신이 생각하기에 바보 같은 짓을 하면 자신을 용서할 수 없어 점차 자신감 없는 아이로 변할 수 있다. 외모가 잘생겼다는 칭찬을 들은 아이는 자기 애(愛)에 빠져 몸치장이나 외모 관리에만 집착할 수 있다.

아이 생각에 자기는 착하지 않고, 영리하지 않고, 예쁘지 않은데 엄마가 칭찬을 남발하면 엄마의 말은 빈말이라 생각하고, 엄마가 하는 다른 말들도 불신할 수 있다.

좋은 칭찬은 아이가 잘하는 일을 더 잘하게 만들어주는 칭찬이다. 로큰롤의 황제로 불리는 미국 가수 엘비스 프레슬리의 엄마는 아들이 어렸을 적에 "나는 네 노래를 들을 때가 가장 행복하단다."라는 칭찬을 자주 했다고 한다. 집안이 가난해 10대에 트럭 운전사가 된 엘비스 프레슬리는 자기가 집에 없는 동안에도 엄마가 자기 노래를 들을 수 있는 방법을 찾았다. 그래서 개인 레코드를 만들려고 레코드 회사에 갔다가 그곳 관계자들의 눈에 띄어 바로 가수로 발탁된다. 그리고 그는 미국뿐만 아니라 세계적인 명성의 가수가 되었다.

전설의 희극 배우 찰리 채플린의 엄마 역시 "나는 네 이야기를 들으면 눈물이 나도록 재미있어. 다른 누구도 너만큼 나를 웃게 한 사람은 없어."라는 말로 아들을 최고의 희극 배우 자리까지 올라가게 만들었다. 찰리 채플린의 엄마 역시 유랑극단의 배우였다. 아들에게 재능이 있다는 것을 알았지만 "너는 꼭 큰 배우가 될 거야."라는 막연한 칭찬으로 허영심을 키우지 않았다. 대신 "엄마는 네 이야기를 들으면 정말 재미있어."라고 말해 아들이 새로운 아이디어를 개발하도록 자극했다.

"엄마는 너 없이는 못살아." "너는 노래를 잘해서 이다음에 ○○ 같은 가수가 될 거야." 등의 칭찬은 독이 되는 칭찬이다. 자신의 능력을 과대 포장하게 만들 뿐이다.

그러나 엄마가 "네가 그렇게 해주어서 엄마는 정말로 기뻐."라고 말하면 아이는 엄마를 기쁘게 해주려고 더욱 열심히 노력한다. 바른 칭찬은 아이의 미래를 바꿀 수 있다.

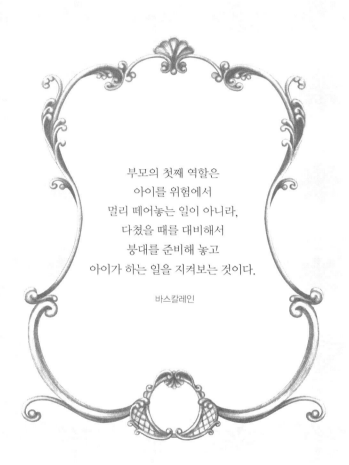

부모의 첫째 역할은
아이를 위험에서
멀리 떼어놓는 일이 아니라,
다쳤을 때를 대비해서
붕대를 준비해 놓고
아이가 하는 일을 지켜보는 것이다.

바스칼레인

04
사람이 중요하지,
물건이 중요한 것은 아니야

위로형 **엄마의 말**

아이를 칭찬하는 것 못지않게 꾸지람도 중요하다. 아이가 부당하다고 느끼는 꾸지람은 마음에 상처를 입혀 엄마와의 대화를 피하게 만든다. 너무 엄한 꾸지람은 아이를 소극적으로 만들 수 있고, 너무 느슨한 꾸지람은 엄마를 얕보게 만들어 아이를 이끌지 못하게 될 수 있다.

그것을 모르는 많은 엄마들이 아이가 조금만 잘못해도 감정이 움직이는 대로 함부로 말한다. "그러면 그렇지." "그거 하나 똑바로 못 들고 깨뜨려?" "너를 어쩌면 좋니?" "도대체 누구를 닮아서 맨날 말썽이니?" 등의 비수 같은 말로 아이의 자존심과 존재감에 깊은 상처를 낸다.

아이들은 어른에 비해 참을성이 적다. 엄마에게 심하다 싶은 꾸지람을 들으면 마구 화를 내며 소리를 지르기도 한다. 성질 급한 아이는 "내가 일부러 그런 것도 아닌데……"라며 훌쩍이거나 "그런 걸 왜 나한테 시켜!"라며 화를 낼 수도 있다.

엄마 역시 이미 흥분 상태에 놓여 있기 때문에 아이의 반응에 즉각 반응하기 쉽다. "잘못해 놓고 반성하기는커녕 대들어?" 부모로서의 권위까지 훼손당했다는 생각에 더욱 목소리가 커질 것이다. 그렇게 되면 이성을 잃고 감정이 앞서 아이를 향해 막말을 하기 쉽다. 이 지경이 되면 자식과의 대화는 단절의 단계로 넘어간다.

아이가 공놀이를 하다가 남의 집 유리창을 깼다거나, 오래된 도자기를 깨뜨렸다고 해서 집안이 망하는 것도 아니고, 그것들이 비싸고 귀한 물건이라고 한들 자식보다 귀하지는 않을 것이다. 그런데도 엄마들은 아이가 실수했다는 생각이 들면 무조건 화부터 내는 경우가 많다. 아이가 실수할 때마다 엄마가 매번 엄하게 꾸짖는다고 해서 아이의 실수가 주는 것도 아니다. 아이는 아직 미숙하기 때문에 계속 그와 유사하거나 같은 실수를 반복하면서 성장한다. 그런데도 엄마는 아이의 특성은 염두에 두지 않고 오로지 실수한 결과만을 기억한다. 이런 악순환을 되풀이하면 엄마와 아이 둘 다 지치고 힘든 관계가 되어버린다.

따라서 아이가 잘못을 저지르면, 그 잘못으로 돈을 잃거나 자존심이 구겨진다고 해도 자식 가슴에 상처 줄 말은 절대 삼가야 한다. 따끔하게 꾸짖는 것은 좋지만 아이의 자존심이 다치는 말은 금물이다. 아이가 실수를 하면 흥분하지 말고 과연 내 자식과 바꿀 수 있는 것이 무엇인가를 생각하며 천천히 마음을 가라앉히고 "너무 걱정하지 마라. 사람이 중요하지 물건이 중요한 것은 아니야. 그래도 앞으로는 좀 더 조심해야겠지?"라고 말해 보자. 아이는 눈물을 흘리며 "엄마 잘못했어요. 다음에는 정말로 조심할게요."라고 말하며 자신의 잘못을 깊이 반성할 것이다.

그리고 잘못을 저질러도 엄마에게 위로를 받을 수 있다고 믿어, 앞으로 어떤 일이든 엄마에게 쉽게 털어놓을 것이다. 아이와의 대화를 걱정할 이유가 없지 않겠는가.

05

정말 잘했네, 그런데 조금만
고치면 더 나을 것 같은데

칭찬형 엄마의 말

모든 아이는 항상 엄마 마음에 드는 행동을 하고 싶어 한다. 그래서 엄마가 자기 하는 일에 관심을 보이고 격려해 주면 힘이 난다. 물론 관심도 지나치면 부작용이 나지만 말이다. 너무 자주 들여다보면서 "그렇게 하지 말고 이렇게 해봐."라고 말하는 것은 관심이 아니라 간섭입니다. 엄마가 간섭을 하면 아이는 좋아하던 일도 하기 싫어진다.

엄마의 기준으로 보면 아이가 이루어내는 성과가 부족해 보일 수 있다. 초등학교에 갓 입학한 아이의 글씨는 당연히 삐뚤빼뚤하다. 혼자 힘으로 해낸 만들기 숙제도 엉성하기 그지없다. 어쩌다 엄마를 돕겠다고 설거지를 했는데 다 씻은 그릇에 음식 찌꺼기가 그대로 남아 있을 수 있고, 청소하고 난 방 구석에 쓰레기들이 그대로 있을 수도 있다. 그러나 엄마 눈에 시원찮은 그 일도 아이로서는 최선을 다했을 가능성이 높다.

그런데 아이가 해놓은 일이 시원찮아 보인다고 해서 엄마가 "그렇게 하지 말고 이렇게 해."라고 말해 버리면 아이는 자기가 기울인 노력이 무시되는 느낌이 들어 화가 난다. 그래서 부모에게 툴툴거리거나 자기 방으로 달려가 방문을 닫아거는 행동을 하기도 한다. 그리고 다시는 설거지도 청소도 하지 않겠다고 결심한다.

엄마는 아이가 대드는 것이 괘씸하고, 아이는 자기 한 일을 인정해 주지 않는 엄마가 섭섭하다. 그때부터 엄마와 아이의 관계는 갈등으로 이어지고, 갈등은 대화를 단절시킨다.

이런 경우 엄마는 아이가 하는 일에 관심은 갖되 끝날 때까지 기다렸다가 "정말로 잘했네. 근사한데!"라는 말로 먼저 그 일에 기울인 노력을 격려해 준다. 그리고 "그런데 엄마 생각에는 여기를 이렇게 고쳐 보면 좀 더 나을 것 같은데. 네 생각은 어때?"라고 물어 아이 자신이 고쳐야 할 점이 있음을 인정하게 한다. 아이는 이미 엄마에게 "수고했다." 또는 "잘했다."는 칭찬을 들었기 때문에 엄마의 지적에 거부감을 느끼지 않고 잘 받아들일 것이다. 이때 말끝에 "네 생각은 어때?"라고 물어 결정권은 자신에게 있음을 깨닫게 해주면 좋다. 그렇게 되면 혹 처음부터 다시 시작해야 하는 상황이더라도 좌절감을 느끼지 않을 것이다.

잘했다고 말해 주기 힘든 상황이라면 "정말 열심히 했네."라고 말하면 된다. 잘하지 않은 일에 잘한다는 빈말을 하면 아이는 자신의 부족한 점을 깨닫지 못해 발전하자 못한다. 이때는 엄마가 "이것을 조금 고쳐보면 좋겠네." "여기만 다시 해보면 좋겠네." "여기만 바꾸어 보면 어떨까?"라고 말해 발전을 도와야 한다.

아이의 마음을 다치게 하지 않으면서 자극을 주려면, 관심을 표현하되 자율성을 주고 그 일을 발전시키는 방법을 스스로 깨닫게 해주는 것이 좋다.

06

네가 그렇게 하면
엄마는 화가 나

리드형 **엄마의 말**

엄마는 자식 뒤치다꺼리나 하는 사람이 아니다. 오히려 아이를 앞에서 이끌고 바른 길로 인도하는 리더가 되어야 한다.

지금도 세계 모든 사람들이 존경하는 인도의 간디. 그분의 아버지는 유능한 행정가였고, 엄마는 비폭력을 중시하고 도덕적으로 매우 엄격한 종교를 믿는 신앙심 깊은 사람이었다. 그런 가정 교육에 힘입어 간디는 비폭력 시위만으로 인도를 영국으로부터 독립시킨 지도자가 되었다.

흑인 인권운동의 지도자로 35세에 사상 최연소 노벨 평화상을 수상한 마틴 루터 킹의 비폭력 저항 정신은 엄마의 소신 교육에서 나왔다.

당시 미국의 인종차별은 몹시 심했다. 킹의 엄마는 아들이 초등학교에 입학할 무렵 노예의 역사, 남북전쟁, 링컨 등을 설명하면서 인종차별의 문제를 주지시켰다. "너 자신이 누구에게도 뒤진다는 생각을 하지 말거라. 언제나 너는 특별한 사람이라는 것을 명심해라." 킹의 엄마는 늘 이렇게 말했고, 이는 킹에게 자신감과 더불어 불의에 맞서 싸우는 힘을 주었다. 당당한 인격을 가지는 것, 아울러 스스로 자신의 주인이 되어야 한다는 것을 배운 그는 리더의 사고방식을 터득했고, 미국의 흑인 인권을 되찾는 데 앞장선 용감한 지도자가 되었다.

자식을 성공의 길로 이끄는 엄마가 되려면 때로는 엄격하고 때로는 인자한 말로 아이의 마음을 움직일 줄 알아야 한다. 아무리 어린 아이라도 부모님께 꾸중을 들으면 자신이 무엇을 잘못했는지를 안다. 문제는 아이가 부당하다고 받아들일 만큼 지나칠 때가 많다는 것이다. 대부분의 엄마가 잘못 하나만을 놓고 야단치는 것이 아니라, 그 전에 발생했던 문제까지 거론하는 경우가 많다. 또 한 가지 잘못을 여러 번 야단치기도 한다.

방 청소를 게을리 하는 아이에게 "도대체 방이 이게 뭐니? 청소하는 것만 봐도 네 학교생활을 알겠다. 너 선생님한테 매일 혼나지?"라든가 "방이 이게 뭐냐? 사람 사는 방인지 짐승 사는 방인지……."라고 말하면 청소를 하지 않았다는 반성보다 엄마에 대한 원망이 앞선다.

아이들은 또한 엄마의 꾸지람 내용이 막연한 비난으로 흐르면 자기가 무엇을 어떻게 해야 할지 몰라 좌절감을 느낀다. 좌절감이 반복되면 엄마와 대화하는 것이 어렵게 느껴져 포기해 버린다. 그렇게 되면 엄마가 꾸짖어도 흘려듣거나 적당히 무시하는 것이 편하다고 생각하게 만들 수 있다.

아이의 잘못을 바로잡을 때는 단호하면서도 구체적이고 짧고 간단히, 그리고 감정적이기보다 이성적으로 말해야 한다. 반드시 주어를 붙여 단순한 문장으로 말해야 한다.

예를 들어서 아이에게 방을 치우라고 지시할 때도 "방이 이게 뭐니?"보다는 "네 방 좀 치워. 네가 안 치우면 엄마가 치워야 해. 엄마는 집안이 지저분하면 기분이 나빠."라고 아이가 해야 할 일을 분명히 지시하고 엄마의 기분이 어떤지를 표현한다.

아이가 옷을 벗어 제대로 정리하지 못할 때도 "벗은 옷은 세탁기에 좀 넣으면 어디 덧나니?"라고 말하기보다는 "네가 벗은 옷을 세탁기에 넣지 않아서 매번 엄마가 대신하려니 힘들다. 내일부터는 네 옷은 네가 넣도록 해."라고 콕 찍어 엄마의 기분을 설명하고 아이가 해야 할 일을 알려주어야 한다. 어떤 행동을 어떻게 해야 한다는 지시 내용 없이 그저 아이의 행동에 대한 비난만 담겨 있는 말은 아이를 움직이지 못한다.

세계 명문가의 자녀교육 10계명

❶ 식시 시간을 결코 소홀히 하지 마라.
  – 정치 명문가, 케네디 가

❷ 존경받는 부자로 키우려면 애국심부터 가르쳐라.
  – 스웨덴의 경주 최부잣집, 발렌베리 가

❸ 단점을 보완해 주고 뜻이 통하는 친구를 사귀어라.
  – 시애틀의 은행 명문가, 게이츠 가

❹ 돈보다 인간관계가 더 소중한 것임을 알게 하라.
  – 유대인 최고 명문가, 로스차일드 가

❺ 질문을 많이 하는 공부 습관을 갖게 하라.
  – 천하제일의 가문, 공자 가

❻ 어머니가 나서서 '품앗이 교실'을 운영하라.
  – 노벨상의 명문가, 퀴리 가

❼ 대대로 헌신할 수 있는 가업을 만들어라.
  – 과학 명문가, 다윈 가

❽ 부모와 자녀가 함께 모험여행을 떠나라.
  – 인도의 교육 명문가, 타고르 가

❾ 평생 일기 쓰는 아이로 키워라.
  – 러시아의 600년 명문가, 톨스토이 가

❿ 자신을 사로잡는 목표를 찾아 열정을 다 바쳐라.
  – 영국의 600년 명문가, 러셀 가

《세계 명문가의 자녀교육》 가운데

아이가 엄마의 말을 듣지 않고, 엄마는 매번 아이를 향해 같은 말을 반복한다고 느낀다면 아이가 마음의 문을 닫아건 상황이다. 아이는 이제 엄마와 자주 부딪치면 불리하다고 생각한다. 그래서 엄마와의 대화를 피하는 소극적인 저항을 시도한다. 이 장에서는 자녀에게 무시당하는 엄마의 말은 무엇인지 살펴보고, 자녀가 귀담아듣는 말로 바꾸어보자.

4장

자녀에게 무시당하는 엄마의 말

01
너 또 그럴래?
그랬다가는 가만 안 둬!

으름장형 **엄마의 말**

아이도 사람이기 때문에 존경할 수 없는데도 단지 엄마라는 이유로 무조건 존경할 수는 없다. 존경심은 마음에서 우러나는 것이다. 엄마 자신이 그릇된 행동을 하면서 자식에게 바른 길을 가라고 강요할 때 아이는 엄마가 우스워 보인다. 그런 일들이 반복되면 아이는 자기도 모르게 엄마를 무시하게 된다.

엄마를 무시하게 되면 엄마가 조언을 해도 "엄마가 뭘 안다고 그래?"라며 대들거나 "나는 몰라. 엄마 마음대로 해."라며 반항한다. 제일 심각한 것은 엄마의 성격이 강해 감히 그런 말을 할 수 없는 경우인데, 이때 아이는 엄마의 잔소리가 시작되면 속으로 '또 그 소리!'

하며 귀를 틀어막는다.

어린 아이들은 동물적 생존 본능이 강해 엄마와의 싸움에서 유리해 지려고 지속적으로 노력한다. 끊임없이 엄마를 실험해 자신이 유리해 지도록 한다. 그래서 엄마가 으름장만 놓는지, 아니면 으름장이 아니라 진짜 행동으로 옮기는지 등을 자세히 관찰한다. 만약 엄마가 "내가 못살아! 너 또 그럴래? 또 그러면 가만 안 둬!"라고 으름장만 놓고 나중에 같은 상황이 왔는데도 똑같은 말만 되풀이하고 말한 대로 행동하지 않으면 점차 엄마의 으름장을 무시한다.

엄마의 말이 알맹이 없는 허세에 불과하다는 것을 파악하면 엄마의 말을 무시해도 상관없다고 생각해 버린다. 그래서 그때부터는 더욱 정교한 방법으로 엄마를 괴롭힌다. 많은 엄마들이 "우리 아이는 미운 일곱 살이에요." "요즘은 미운 나이가 세 살로 내려왔나 봐요. 이제 세 살인데 벌써부터 엄마 말을 안 듣고 제멋대로 행동해요." 등의 푸념을 하는데, 알고 보면 원인 제공자는 엄마인 경우가 대부분이다.

예를 들어 아이에게 그러지 말라고 몇 번 주의를 주었는데도 꼭 좁은 골목에서 공을 가지고 놀다가 남의 유리창을 깨뜨리거나, 남의 장난감을 함부로 가지고 놀아 이웃집 애들하고 싸우거나, 동생 또는 형과 싸울 때 "내가 못살아! 너 또 그럴래?" 등의 위협만 하고 후속 조치를 취하지 않는지 생각해 보라.

만약 그런 적이 있다면 이제부터는 아이의 자존심을 다치게 하지 않고도 알아듣게 야단칠 수 있는 말로 바꾸어보자.

"공놀이는 좁은 골목길이 아니라 운동장 같은 넓은 곳에서 하는 거야." "장난감이지만 그 총으로 맞으면 아프거든. 너도 한 번 맞아볼래?"라고 말한 후 정말로 한 방 쏘아서 아픔을 맛보게 하고 "그렇게 쏘지 말고 이렇게 쏘는 거야. 여기서 말고 저기서 말이야."라고 말하며 행동으로 보여준다. 아이가 동생 장난감을 마음대로 만지다 싸우면 "엄마도 네 것 가져다 이렇게 해놓는다? 기분이 좋니? 너도 기분이 안 좋지? 그러면 동생 것 함부로 다루지 마."라고 말하면서 아이가 같은 느낌을 가져보도록 하는 것이다.

아이가 잘못을 저지르면 소리치며 위협하지 말고, 아이가 곧 실천할 수 있는 행동 지침을 말해 주라. 지침대로 행동하지 않으면 경고대로 벌을 주거나 매를 때려 엄마의 권위를 기억하게 해주는 것이 중요하다. 그래야 지금까지 잔소리를 해도 고쳐지지 않던 여러 문제들을 해결하고, 아이가 다 자란 후에도 엄마의 말을 우습게 여기는 일을 막을 수 있다.

02

너만 힘드니?
엄마도 너만큼 힘들어

투정형 **엄마의 말**

요즘 아이들, 물질적인 풍요는 누리지만 안쓰럽도록 힘들게 산다. 아침잠이 깨기도 전에 축 처진 어깨에 가방을 짊어지고 학교로 향하는 아이들을 볼 때면 정말로 가엾다. 이르면 유치원 때부터 학원을 옮겨 다니며 저녁때면 파김치가 되어야 하루 일과가 끝난다. 그 나이 아이라면 마땅히 즐겨야 할 호기심, 놀이, 상상력 등을 몰수당한 채 기계처럼 사는 아이들을 많이 본다.

어린 아이들은 운동 에너지가 많아 한 자리에 같은 자세로 오래 앉아 있는 것이 매우 힘들다. 학교 마치고 학원을 거쳐 집으로 돌아오면 어른들보다 훨씬 더 많이 지친다. 그래서 "나 피곤해."라며 드러눕거나 오락이나 TV 시청으로 머리를 쉬려고 한다. 그런데 엄마는 그런 아이를 내버려두지 못한다. 다른 집 아이들은 정신없이 공부하는데 우리 아이만 뒤떨어지는 것 같아 불안하다. 자신도 모르게 "너만 힘든 줄 알아? 엄마도 너만큼 힘들어."라는 푸념을 늘어놓기 일쑤다.

물론 엄마들도 아이들 못지않게 힘들다. 요즘 엄마는 역할도 많고, 제대로 엄마 노릇을 하려면 공부도 많이 해야 한다. 그 때문에 엄마 역시 답답한 마음에 그런 말을 할 수 있다. 그러나 이 말은 엄마다운 말이 아니다. 아랫사람이 아닌 윗사람에게 푸념할 때 쓰는 응석의 언어이다.

아이에게 엄마는 신(神)과 같은 큰 존재이다. 엄마가 세상의 중심이며, 어떤 어려운 일이 닥쳐도 태산처럼 굳건히 자신을 보호해 줄 것으로 믿는다. 그런 엄마가 "너만 힘드니? 나도 힘들어."라며 응석을 부리면 엄마에 대한 기대가 무너진다. 말이란 듣는 사람이 받아들일 준비가 되어야 제대로 받아들여지는 것이다. 엄마라는 존재에 대해 갖고 있는 기대를 무너뜨리면 아이는 엄마의 말을 들을 준비가 안 돼 혼란을 겪는다.

엄마인 당신도 매일 같은 일을 반복하지만 어떤 날은 괜히 일손이 안 잡히고 뒤숭숭하거나 피곤해서 쉬고 싶을 때가 있지 않은가. 아이들도 마찬가지다. 그럴 때는 '이해'만이 정답이다.

아이가 피곤해서 좀 쉬겠다고 떼를 쓸 때는 "엄마도 힘들어."와 같은 투정 어린 말은 삼가고 "피곤하지? 그런데 계속 쉬면 네가 해야 할 일을 다 못할 테니 ○○분만 쉬었다가 일어나."라고 아이의 상황을 인정하고 어른답게 지시해야 한다.

아이들이란 재미거리가 나타나면 숙제를 눈앞에 두고도 게으름을 부리고 싶어 한다. 따라서 쉬는 것은 좋지만 할 일은 해야 한다는 단호한 지시는 해야 한다. 아이가 자주 숙제를 뒤로 미루거나 게으름만 부려 화가 나더라도 "엄마도 네가 힘든 것은 알겠는데, 그래도 지금 해야 해!"라고 말하는 것이 엄마다운 말이다.

약속한 시간이 지나도 아이가 미적거리면 "더 이상 미루면 안 돼. 지금 해."라고 더욱 단호히 말하면 엄마의 말에 무게감을 느껴 거역하지 못할 것이다.

03

괜찮아, 네 마음대로 해

도덕불감증형 **엄마의 말**

요즘 많이 나아지긴 했지만, 식당이나 병원 등 공공장소에 가면 제멋대로 떠들고 뛰어다니는 아이들 때문에 불편할 때가 있다. 아이들의 부모가 어디 있나 살펴보면 자기 아이가 공공장소에서 다른 사람들을 불편하게 하는데도 제재를 가하지 않고 자기 볼일만 보고 있다. 부모가 몇 번 말리는 시늉을 해도 아이는 들은 척도 안 한다. 집안에서 가정 교육이 제대로 이루어지지 못하고 있는 것이다.

현대 사회에서는 타인에게 폐를 끼치면 정상적인 사회생활을 할 수 없다. 모든 사람이 귀하게 자라 조금의 침해도 못 참기 때문이다. 누가 자신을 불편하게 하는 사람과 관계를 맺고 싶겠는가? 아이를 성공적인 사회인으로 기르려면 무엇보다 타인에게 폐를 끼치지 않는 태도부터 가르쳐야 한다.

어린 아이들은 아직 타인의 존재를 인식할 만한 인지능력을 가지고 있지 못하다. 부모의 태도를 통해 타인의 존재를 배운다. 그래서 아이는 엄마가 가르쳐주지 않는 한 공공장소에서 타인의 존재를 무시하고 떠들고 뛰어다니는 것이다.

엄마들은 학업 성적을 좌우하는 일이 아니면 중요하지 않은 일로 생각하기도 하고, 또 집에서 가르치지 않아도 유치원이나 학교에 가면 배우겠지 하고 생각하지만 천만의 말씀이다. 그런 것은 가정 교육으로밖에 할 수 없다. 성인도 가정 교육이 안 되어 있으면 자기중심적이고 공공 질서를 무시해 주변 사람들의 눈총을 사는 경우가 많다. 심지어 결혼 후에도 배우자의 존재를 무시해 가정 파탄을 불러오기도 한다.

이웃나라 일본은 제2차 세계대전에 패하고 잿더미로 변한 나라를 일으키는 와중에도 자식들에게 타인에게 폐를 끼치지 않는 예절을 가장 먼저 가르쳤다고 한다. 그래서일까, 우리는 일본 사람이라고 하면 매우 예의 바른 민족이라고 생각한다. 그런 이미지는 세계인의 머릿속에 자리 잡았고, 그들이 비즈니스를 하는 데 큰 장점으로 작용했다. 해외에 나갔을 때 깍듯한 태도를 보이면 간혹 "당신 일본 사람이냐?"는 질문을 받는데 그럴 때마다 기분이 묘했다.

자, 당신이 회사를 경영하는 사람이라면 어떤 사람을 고용하고 싶은가? 그 사람의 능력이 뛰어나도 조직 안에서 조화를 이룰 수 없는 사람은 함께하기 어렵다. 그러므로 타인에게 폐를 끼치지 않는 교육법은 바로 내 아이의 미래를 위한 것이다.

아이가 공공장소에서 다른 사람에게 폐가 되는 행동을 하는데도 "괜찮아, 하고 싶으면 해."라고 말한다면 아무리 좋은 대학을 나와도 성공하지 못할 가능성이 높다. 당신의 아이가 이런 상황이라면 "그러면 안 돼. 공공장소에서는 조용히 앉아 있어."라고 누누이 가르쳐야 자식의 성공을 기대할 수 있을 것이다.

물론 아직 어린 아이라면 자신의 잘못을 인지하지 못하는 상태이므로 많은 사람들 앞에서 잘못을 큰 소리로 지적해 자존심에 상처를 주지는 말자. 몇 번 지적을 해도 듣지 않을 때는 슬그머니 밖으로 데리고 나가 "그러면 집에 가서 벌을 주겠다." 등의 말로 엄하게 단속해서 데리고 들어오는 것이 좋다.

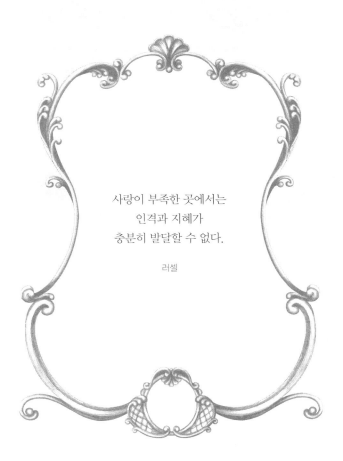

사랑이 부족한 곳에서는
인격과 지혜가
충분히 발달할 수 없다.

러셀

04
엄마가 다 해결해 줄게

무수리형 **엄마의 말**

자식의 하인처럼 사는 엄마들도 많이 본다. 준비물이나 책가방을 챙겨주는 것은 기본이고, 학원 공부에 충실하라고 학교 방학 숙제까지 책임지는 부모들도 많다고 한다. 그런 엄마들은 아이가 중·고등학생으로 자라 스스로 한 끼 식사쯤은 해결할 수 있는데도 믿지 못한다. 그래서 잠시 외출할 때도 일일이 이것은 이렇게, 저것은 저렇게 챙겨 먹으라고 일러야 직성이 풀린다. 이미 엄마의 뇌에 '나는 자식의 하인'이라는 사고가 형성된 것이다. 아이의 뇌에도 '허드렛일은 엄마가 하는 일'로 형성되어 있을 것이다.

엄마는 아이가 허드렛일에 쓸 시간을 아껴 공부할 수 있게 해주어야 공부를 더 잘할 것이라고 생각하는 것 같다. 그런데 그것은 엄마의 착각이다. 공부란 미래의 인생을 좀 더 지혜롭게 잘 살기 위해 하는 것이다. 공부 안에는 단순히 지식 습득만이 아니라 살면서 부딪치게 될 다양한 경험도 포함되어 있다. 그런데 지식을 습득하는 데만 몰두하고 인생에 필요한 지혜를 배우지 못하면, 사용설명서는 열심히 읽었는데 실행할 수 없는 것이나 마찬가지다.

사람은 습관의 동물이어서 어릴 때부터 엄마가 허드렛일을 맡아 해주면 엄마는 허드렛일이라는 공식이 성립된다. 엄마가 허드렛일을 처리하는 것을 당연하게 생각하고 고마워하지도 않는다. 심지어 엄마의 건강이 나빠져 그 일을 감당할 수 없게 되어도 "엄마는 왜 갑자기 안 해주는 거야?"라는 원망을 할 수도 있다.

또한 엄마를 자신의 뒤치다꺼리나 하는 사람으로 여겨 존경심을 갖기도 어렵다. 존경심이 없으면 대화 예절을 무시해 함부로 말하게 된다. 자식을 위해 모든 것을 희생해 온 엄마로서는 억울하기 그지없겠지만 아이는 엄마가 당연히 해야 할 허드렛일을 안 하고 화만 내는 것으로 간주해 엄마에게 더욱 함부로 말하게 될 것이다. 이런 악순환이 반복되면 엄마와 자식 간의 대화는 끊기게 마련이다.

아이는 부모로부터, 특히 엄마로부터 세상을 보는 가치관을 물려받는데 엄마가 더불어 사는 법을 가르치지 못하고, 자신의 일도 스스로 해결할 수 없도록 다 해결해 주면 자식이 어떻게 성공할 수 있겠는가.

아이가 자기 방 하나 자발적으로 치우지 않고 엄마에게 미루는데도

"괜찮아, 엄마가 알아서 해줄게. 너는 공부나 해."라는 말은 더 이상 하면 안 된다. 아이가 안쓰러워도 "네 일은 네가 해. 엄마는 엄마 할 일이 있어."라고 단호하게 말해야 한다. 그렇게 말하는 것이 당신의 아이를 자기 관리가 뛰어난 사람으로 만드는 길이며, 엄마 자신도 자식으로부터 존중받는 사람이 될 수 있는 비결이다.

05
네가 어떻게
엄마한테 그럴 수 있어?

원망형 **엄마의 말**

초등학교 5학년 딸을 둔 후배가 전화로 하소연을 늘어놓았다. 이사를 하게 되어 이삿짐센터 직원을 불러 견적을 받고 있는데, 딸이 갑자기 어른들 대화에 끼어들어 "그건 안 가져 갈 거야. 버릴 거라고 했잖아!"라고 소리를 질렀다. 딸의 행동에 화가 났지만 외부인의 앞인지라 참아 넘겼다. 그런데 딸아이는 계속해서 어른들이 말하는 중간에 끼어들면서 사사건건 엄마의 의견을 무시했다.

평소에도 딸아이가 어른들의 대화에 자주 끼어들었지만 한 번도 버릇없다고 아이를 혼내지 않았다고 한다. 또래에 비해 성숙하고 자기주장이 뚜렷한 것이라고 받아들였다. 오히려 여자라고 해서 하고 싶은 말을 참을 필요는 없다고 가르쳐왔다. 그런데 이날만큼은 딸아이를 그냥 보아 넘길 수가 없었다. 그녀는 딸의 행동이 너무나 괘씸해서 이삿짐센터 직원이 돌아간 다음 "네가 어떻게 엄마한테 그럴 수 있어?"라고 화를 냈다. 그러자 딸은 엄마를 이해할 수 없다는 듯 "내가 뭘? 엄마도 아빠한테 늘 그렇게 말하잖아!"라고 쏘아붙이고는 제 방으로 들어가 방문을 닫아걸더라는 것이다.

아이가 남들 앞에서 거침없이 엄마를 무시하고 망신 주는 말을 하는 이유는 딸아이의 말처럼 엄마에게 배웠기 때문이다. 평소와 똑같이 행동했는데도 엄마가 유난한 반응을 보이니 아이는 엄마를 이해할 수 없는 것이 당연하다. 그래서 "네가 어떻게 엄마한테 그럴 수 있어?"라는 엄마의 말은 아이의 귀에 우습게만 들린다.

또한 "네가 어떻게 엄마한테 그럴 수 있어?"라는 말에는 자기 비하적인 의미가 숨어 있다. '나를 제대로 대접해 주지 않아 속상하다'는 의미를 담고 있다. 아이에게 엄마는 아직 무조건 보살펴주는 큰 존재이다. 자신이 배려할 대상이라고 인지하지 못하는 상황에서 그런 말을 들으면 아이는 당황스러울 수 있다. 내 후배의 딸아이는 화내는 엄마를 이해할 수 없어 문을 닫아걸고 자기 방으로 들어간 것이다.

이럴 때는 "네가 어떻게 엄마한테 그럴 수 있어?" "엄마를 우습게 보는 거야?" 등의 말보다는 "엄마에게 네 솔직한 의견을 말하는 것은 좋아. 그렇지만 제삼자 앞에서 엄마의 말을 무시하는 행동은 옳지 않아."라고 말해야 한다.

말이란 바로 그런 것이다. 절대 떨어질 수 없는 엄마와 자식 간이라도 상대방의 자존심을 상하게 하는 말은 관계를 깨뜨릴 수 있다. 가까운 사이일수록 말 한 마디가 상처가 된다는 사실을 항상 기억하자.

06
돼지우리가 따로 없네

비아냥형 **엄마의 말**

아이들은 정말 빛의 속도로 방을 어지럽힌다. 치워도 치워도 끝이 없다. 이럴 때 엄마가 독하게 마음먹고 "네 방은 네가 알아서 치워!" 라고 선언하고 치우거나 말거나 내버려두면 갈등은 일어나지 않는다. 그런데 우리 엄마들이 어디 그런가? 아이의 어질러진 방을 보면 걸레 부터 손에 들고 치우기 시작하면서 "엄마가 네 청소부니? 네 방까지 엄마한테 치우라고 하게?"라는 말을 쏟아낸다. 아이들은 그런 엄마 의 태도를 보며 "아이구, 내 방은 내가 치워야지."라고 반성하는 것이 아니라 "그렇게 싫으면 치워주지 말지. 누가 치워 달래?"라며 비웃는다.

엄마는 자기가 말하면 아이는 무조건 엄마 생각대로 해석할 것이라고 착각한다. 그러나 아이는 어려도 자기만의 생각을 가진 독립된 인격체이다. 엄마의 말을 자기 방식으로 해석한다. 그리고 아이는 엄마와 가장 가까운 사이지만, 엄마를 가장 객관적으로 보는 존재이다. 엄마라면 당연히 이래야 한다는 기대감도 가지고 있다. 그러므로 아이가 엄마의 말은 무조건 엄마의 의도대로 해석할 거라는 착각에서 벗어나야 한다. 어떠한 상황에서도 아이 또한 독립된 인격체임을 인정하고, 타인에게 말해도 기분 나빠하지 않을 말을 골라 해야 아이와의 대화가 쉬워진다.

예를 들어서 엄마가 외출했다가 돌아와 보니 아이가 간식을 만들어 먹고는 음식 재료며 사용한 냄비, 프라이팬, 그릇 등을 식탁 위에 널어놓은 상태였다. 순간 울컥 화가 나 "먹었으면 치워야 할 거 아냐! 엄마가 설거지하는 사람이니?"라며 고함을 치고 싶어도 "아이구, 푸짐하게도 해 먹었네. 먹느라고 못 치운 모양인데, 지금부터 치우면 되겠네. 자, 지금 시작해."라고 말하라는 것이다.

아이들도 당연히 치워야 한다는 것을 알고 있다. 못 치워 미안해 하는 상황에서 엄마의 고함, 으름장, 비아냥거림이 들리면 아이의 기분만 상할 뿐 행동을 이끌어내는 대화로서의 가치는 없다. "엄마가 청소부니?" "엄마가 너희들 하인이니?" "돼지우리가 따로 없구만." 등의 말은 엄마 자신을 비하할 뿐이다. 그런 말들은 아이가 엄마를 무시하거나, 엄마가 별 일 아닌 것으로 화를 낸다고 해석하게 한다. 엄마와의 대화를 불편하게 만든다.

　만약 당신이 아이가 방 청소를 지독하게 안 해서 자주 화를 내왔다면 지금 당장 "엄마는 네가 방을 깨끗이 치워주는 것이 소원인데 한 번만 들어줄래?" 등의 가벼운 말로 시작해 보자.

강영우 박사의 성공하는 삶을 위한 10가지 교육 원리

❶ 역경을 도전의 기회로 삼으라.

❷ 인생의 장기적인 목적을 설정하라.

❸ 자신의 존재 가치를 발견하라.

❹ 분명한 비전을 품으라.

❺ 역할 모델을 가지라.

❻ 세계화 시대에 알맞은 가치관을 정립하라.

❼ 동일한 가치를 추구하는 집단에 소속하라.

❽ 결코, 결코, 결코 포기하지 마라.

❾ 타고난 능력을 개발하라.

❿ 최선의 것을 주라.

〈우리가 오르지 못할 산은 없다〉 가운데

서울 대치동 학원가 학생들의 성적이 다른 지역보다 높은 이유는, 그곳에 성적이 좋은 아이들이 몰리기 때문이지 그곳의 프로그램이나 환경이 특별하기 때문은 아니다. 매우 원론적인 이야기지만, 공부는 학생 자신이 열심히 하겠다는 각오가 중요하지 환경은 생각보다 큰 영향을 미치지 못한다. 또한 엄마의 노력이 아무리 대단해도 말 한마디로 물거품이 될 수 있다. 여기서는 스스로 공부하는 아이를 만드는 엄마의 말을 소개하려고 한다.

5장

스스로 공부하는 아이를 만드는 엄마의 말

01
엄마한테
소리 내 읽어줄래?

유도형 **엄마의 말**

독서가 공부의 가장 중요한 밑거름이라는 사실을 모르는 엄마는 이제 없을 것이다. 지금, 세계는 인문학적 교양을 갖춘 사람을 중용하고 있다. 한때는 MBA 출신을 선호하던 미국 기업계도 지금은 인문학적 소양을 갖춘 사람을 더 선호한다. 새로운 사업을 기획할 때는 경영학적 지식보다 소비자의 반응 같은 문화적인 측면이 중요하다는 것을 알게 되었기 때문이다. 사람들이 추구하는 가치를 파악할 줄 알아야 기업가로서 성공할 수 있는 시대이다.

세계 최고의 갑부인 빌 게이츠는 독서광으로 유명하다. 어떻게 부자가 되었는지 묻는 사람들에게 그는 "오늘날의 나를 만들어준 것은 내가 태어난 작은 마을의 도서관이었다."고 말했다. 그래서 그도 자신의 아이들에게 컴퓨터보다도 책을 더 잘 사주었다고 한다.

이어령 전 문화부 장관은 엄마 덕분에 독서의 길에 들어선 것으로 유명하다. 그는 글자를 알기 전에 먼저 책을 알았다고 한다. 엄마는 그가 잠들기 전 늘 머리맡에서 책을 읽고 계셨고, 어느 책들은 소리 내어 읽어주기도 했다. 좀 더 자라서 글을 익히고, 스스로 책을 읽게 되고, 무엇인가 글을 쓰기 시작한 뒤에도 언제나 엄마의 손에 들려 있던 책을 기억한다고 한다.

이처럼 아이의 독서 습관을 길러줄 수 있는 사람은 엄마이다. 아이는 어릴수록 엄마라는 존재를 세상에서 가장 존경하고 사랑한다. 엄마를 기쁘게 하는 일이라면 기꺼이 하고 싶어 한다. 아이가 책 읽기를 그다지 좋아하지 않아도 엄마가 채근하지 말고 "그 책 재미있어 보이는데 엄마가 읽을 시간이 없어서 그래. 네가 엄마한테 소리 내 읽어줄래?"라고 말하면 웬만해서는 거절하지 못한다. 그렇게 여러 권의 책을 낭독하고 나면 아이는 서서히 독서에 재미를 붙일 수 있다.

독서 습관을 길러두면 공부 걱정을 크게 덜 수 있다.

첫째, 독서를 많이 하면 폭넓은 지식을 습득할 수 있는데, 이를 공부에 응용할 수 있기 때문에 항상 노는 것처럼 보여도 좋은 성적을 낼 수 있다.

둘째, 소리 내 읽으면 기억에 오래 남는다. 사람은 보고 듣고 느낀 것들을 뇌에 입력해 지식으로 축적하는데, 소리를 내 읽으면 그 내용이 눈으로 읽는 것보다 강하게 입력된다. 뇌 과학자들은 사람의 뇌는 말할 때 빠르게 작동한다는 사실을 밝혀내기도 했다. 유대인들은 이런 사실을 일찌감치 알아차린 모양이다. 훌륭한 자녀교육으로 잘 알려진 유대인들의 교육 방법 역시 책을 소리 내 읽도록 하는 것이다.

셋째, 앞으로는 어느 분야에 종사하든 또렷한 목소리로 자기 생각을 분명히 전달할 줄 아는 사람이 성공하는 '커뮤니케이션 시대'가 될 것이다. 책을 소리 내 읽다 보면 목소리가 매끄럽게 다듬어진다. 언제 어디서든지 또렷하게 자기 생각을 말할 수 있는 바탕을 만들어 둘 수 있다.

아이가 지속적으로 높은 성적을 얻기를 바란다면 아이의 학원을 줄이더라도 오늘부터 당장 소리 내 독서하는 습관을 길러주는 것이 더욱 현명할 것이다.

02

네가 가르쳐줄래?

학습형 **엄마의 말**

　엄마가 똑똑하고 완벽하면 아이가 공부를 잘할 것 같지만 그 반대인 경우가 더 많다. 인간의 본성은 하고 싶은 일을 할 때 가장 큰 열정을 보이는데, 똑똑한 엄마는 아이가 알아서 공부할 때까지 기다려주지 않고 엄마 방식대로 하도록 강요하기 때문에 아이가 자발적으로 공부할 마음이 생기지 않는 것이다.

　엄마들이 지금처럼 많이 배우지 못한 시대에 어려운 시험에 수석 합격한 사례를 보면 배우지 못한 부모 밑에서 어렵게 공부한 사람들이 많았다. 좋은 학원도 교재도 없었지만 높은 성과를 거둔 배경을 찾아보니 하나의 공통점이 있었다. 바로 아이가 스스로 공부하도록 자율권을 주고, 가끔 격려의 말만 들려주었다는 것이다.

하지만 요즘 엄마들은 "예전과 사회 환경이 많이 달라져서 고학력에 정보력을 갖춘 엄마가 애들 성적을 관리해야 좋은 학교 간다. 나만 뒷짐 지고 가만히 있을 수 없다."고 하소연한다. 엄마들의 그런 주장이 틀렸다고는 생각하지 않는다. 그런 엄마의 노력이 당장 아이의 성적을 올리는 데는 효과적일 수 있다. 문제는 장기적으로 보면 그렇지 않다는 것이다.

아이가 알아서 공부할 때까지 엄마는 뒷짐 지고 있으라는 말이 아니다. 아이가 스스로 공부 욕심을 내도록 엄마의 말로 이끌라는 것이다.

아이가 알아야 할 것을 깨우치게 하려면 "엄마는 잘 모르는데 좀 가르쳐줄래?"라고 넌지시 말해 보자. 사람은 누구나 남을 가르치는 데 보람을 느낀다. 그 상대가 엄마라면 신바람을 내지 않을 아이가 없을 것이다.

영국의 전설적인 희극 배우 찰리 채플린의 엄마는 자신도 극단 단원이었다. 그녀는 아들의 타고난 끼를 발견했지만 아들에게 연기를 가르치지 않았다. 대신 "네가 엄마보다 잘하는 것 같은데 엄마한테 한 수 가르쳐줄래?"라고 말했고, 아들은 엄마에게 가르쳐주기 위해 스스로 연기 연습을 시작했다. 그 결과 세계 최고의 희극 배우가 된 것이다.

나 역시 두 아들이 어릴 때 함께 여행을 가면 반드시 "엄마는 지도 읽을 줄 모르는데 너희들이 지도를 보고 길 좀 알려줄래?"라고 말했다. 물론 나는 실제로 지도를 지독하게 못 보기 때문에 아이들의 도움을 받아야만 했다. 그 결과 우리 아이들은 세계 어느 오지마을 뒷골목도 지도와 주소만 있으면 금세 찾아간다.

어린 아이라고 해서 엄마가 항상 가르칠 필요는 없다. 아이의 영어 성적이 걱정이라면 "엄마가 잘 몰라서 그러는데 '눈물'이 영어로 뭐지? 네가 사전 찾아서 알려줄래?"라고 말해 보라. 영어사전이 어디 있는지조차 모르고 지내던 아이가 "사전 어디 있어?"라고 물어올 것이다. 엄마가 아이에게 일일이 단어 뜻을 알려주고 비싼 과외를 시키지 않더라도 훨씬 좋아진 아이의 영어 성적표를 보게 될 것이다.

O3
네가 결정한 것은
네가 알아서 해

관리형 **엄마의 말**

　엄마들은 아이의 공부를 방해하는 제1의 적이 컴퓨터라고 생각한다. 컴퓨터 게임에 한번 빠지면 아이들이 잠도 자지 않고 학교 공부까지 방해를 받으니 그럴 만도 하다. 그래서 아이가 학교에 들어가면 컴퓨터를 거실로 내놓거나 안방으로 옮기는 집들이 많다. 엄마 판단으로는 적어도 방안에 컴퓨터가 없으면 공부하는 동안에는 컴퓨터 게임을 덜할 것이라고 짐작하기 때문이다.

　그러나 책상 앞에 앉아 있다고 다 공부를 하는 것은 아니다. 방에 혼자 앉아 컴퓨터 게임을 상상할 수도 있다. 또 학교에 가면 친구들은 컴퓨터 게임에 관한 대화를 나누는데, 그것에서 소외되면 컴퓨터 게임에 대한 갈증만 키울 수 있다. 소극적인 아이는 침울해지는 것으로 그치지만, 그렇지 않은 아이는 어떻게든 방법을 마련할 것이다. 자칫 엉뚱한 곳에 관심이 쏠려 컴퓨터 게임을 할 때보다 더 못한 일에 몰두할 수도 있다. 따라서 최소한 아이가 친구들과 대화하는 데 필요한 정도의 컴퓨터 게임은 허용하는 것이 낫다. 이때 엄마의 말이 무엇보다 중요하다.

엄마가 "너는 학생이니 하루 종일 게임만 할 수 없지?"라고 물어 아이가 그렇다고 대답하면 "하지만 게임을 안 할 수도 없겠지?"라고 다시 묻는다. 그러면 아이가 세차게 고개를 끄덕일 것이다. 그때 "엄마랑 컴퓨터 게임 시간을 정해 볼까?"라고 말해 아이가 게임에 소요되는 시간을 스스로 정하도록 한다.

시간을 정할 때는 "그렇게 게임만 하면 언제 숙제할래?"와 같은 강압적인 말을 삼가고 "그래, 좋아. 네가 원하면 그렇게 할 수도 있지. 그럼 숙제는 언제 하지?"라고 물어 아이 스스로 시간을 계획하게 만드는 것이 좋다.

아이와 함께 시간표를 작성하고 "이제부터 네가 정한 시간에만 게임을 하는 거야. 그런데 네가 정한 시간을 안 지키면 엄마는 화가 날까, 안 날까?"라고 물어 "화나요."라는 대답이 나오면 "그럼 엄마가 벌을 주어야겠지? 어떤 벌을 줄까?" 등으로 이야기를 좁혀 아이가 계획표를 지키지 못했을 때의 벌칙도 합의해서 정해 둔다.

게임은 연속성을 가져 중간에 끊기 어려운 점이 있으니 게임 시간을 점검하다가 끝나갈 무렵에 "20분 남았어." "10분 남았어."라고 사전에 고지해 주어 아이가 끝낼 준비를 하도록 이끌어주는 것이 좋다. 만약 일하는 엄마여서 컴퓨터 게임 시간 통제가 불가능하다면 아이 돌보는 사람에게 그 일을 맡기고 중간에 전화나 휴대전화 문자 메시지로 점검해도 된다.

처음에는 굳어진 습관을 바꾸어야 하기 때문에 아이가 심하게 저항할 수도 있다. 그러나 엄마가 아이가 결정한 일은 아이 스스로 끝내도록 지속적으로 이끌고, 정해진 시간을 지키면 "그렇게 시간을 지키니 얼마나 예뻐." 등의 칭찬을 해준다. 시간을 지키면 혜택이 돌아온다는 것을 몸으로 느끼게 해주는 것이 좋다.

컴퓨터 게임뿐만 아니라 TV 시청, 친구와의 놀이 등에도 같은 방법을 적용하면 공부 시간을 방해하는 모든 요소들을 아이 스스로 조절하고 공부에 전념하게 만들 수 있다.

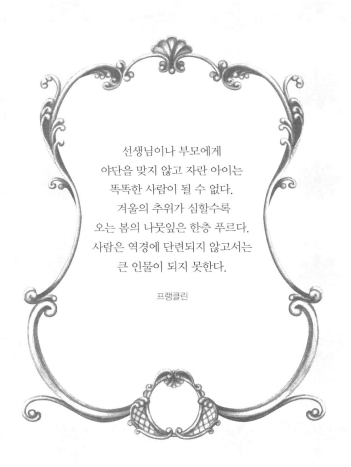

선생님이나 부모에게
야단을 맞지 않고 자란 아이는
똑똑한 사람이 될 수 없다.
겨울의 추위가 심할수록
오는 봄의 나뭇잎은 한층 푸르다.
사람은 역경에 단련되지 않고서는
큰 인물이 되지 못한다.

프랭클린

04
사전을 찾아보면
알 수 있을 텐데

전략가형 **엄마의 말**

아이들은 서너 살만 넘으면 잠시도 쉬지 않고 "저게 뭐야?"라고 묻는다. 엄마도 처음에는 의욕적으로 이것저것 설명하지만 그것도 하루 종일 하다 보면 지친다. 그래서 많은 엄마들이 아이의 질문에 대답을 잘 해야 한다고 생각하면서도 자신도 모르게 "벌써 몇 번이나 알려주었잖아!"라고 짜증을 내는 경우가 많다.

아이들의 질문은 단순할 때도 있지만 "별은 왜 하늘에서 안 떨어지고 그냥 붙어 있어요?" "바닷물은 왜 짜요?" "해는 왜 여름에는 뜨겁고 겨울에는 안 따뜻해요?"와 같은 매우 어려운 질문부터 "엄마는 왜 아빠랑 싸워요?"와 같은 대답하기 곤란한 질문까지 해대기 때문에 엄마도 여간 스트레스를 받는 것이 아니다. 그런 때는 적당히 얼버무리거나 "나중에 알려줄게." "아빠 오시면 물어봐."라며 뒤로 미루게 된다.

그러나 이런 일이 자주 반복되면 아이의 호기심을 죽여 공부를 잘하고 싶은 열정도 사라지게 할 수 있어 위험하다. 아이들은 그때그때 호기심을 해결해야 생각을 확장하고, 생각을 확장해야 공부 욕심이 생기는데 그것을 막으니 공부에 대한 열정이 사라지는 것이다.

그렇다고 엄마가 아이에게 최선의 대답을 해주어야 한다는 부담을 안고 사는 것도 좋지는 않다. 엄마도 지치고 아이를 귀찮다고 인식하게 돼 관계가 상처받기 쉽다.

그렇다면 호기심 많은 아이들의 질문에 엄마가 어떻게 대응하면 좋을까?

먼저 엄마가 일일이 답변해야 한다는 의무감에서 벗어나면 된다. 아이의 호기심이 가장 왕성할 때 한글을 깨치게 하고 바로 백과사전을 사주어 스스로 찾아보도록 하면 된다. 한글을 깨칠 때는 너무 빨리 가르치려고 하지 말고, 아이가 글자에 대한 호기심을 갖도록 유도하는 것이 결과적으로 더 빨리 가르치는 방법이다. 엄마가 "저기 저 간판에 무슨 글자가 있지? 민주 이름에 들어가는 글자인데."라고 말해 호기심을 불러일으키고 충족시켜주는 방식이면 부담 없이 한글을 깨칠 수 있다. 아이가 어느 정도 한글을 깨치면 사전 찾는 법을 놀이처럼 가르친다.

아이는 자신의 호기심을 스스로 해결하는 일에서 큰 성취감을 느낀다. 아이의 호기심을 잘 활용하면 백과사전 찾는 일도 즐거운 놀이로 만들 수 있다. 궁금한 것은 백과사전을 찾아 해결하는 습관을 굳히면 학교 공부에도 활용할 수 있다. 백과사전을 끼고 살면 알고 싶은 내용뿐만 아니라 그와 연계된 다른 지식들도 터득하게 돼 공부는 지겨운 것이 아니라 재미있는 것이라고 생각하게 된다. 그때부터는 엄마가 굳이 공부하라고 말하지 않아도 아이가 스스로 알아서 공부를 하게 된다.

지금 아이의 끝없는 질문 공세에 지쳐 있는 엄마라면 일일이 성실하게 대답하려고 애쓰기보다 "엄마가 네 궁금증을 다 풀어주기는 어려워. 하지만 네가 사전을 찾아보면 다 알 수 있을 텐데."라고 말해 보자. 아이가 사전 찾는 법을 모른다며 떼쓰면 "우리 사전 찾기 내기 해볼까?"라고 유도해 놀이처럼 익히게 하면 된다.

05
혼자 공부할 자신 있으면
학원 그만 다녀도 돼

심리주도형 **엄마의 말**

    많은 엄마들이 학원 문제로 아이와 팽팽한 줄다리기를 한다. 아이에게는 "학원 다녀도 성적이 오르지 않아요. 돈만 아까워요." 등의 분명한 의견이 있다. 그런데 엄마는 "다른 아이들은 다 다니는데 어쩌려고 학원에 안 가?"라며 화를 낸다. 싫다는 아이를 억지로 학원에 밀어넣으면 아이 말대로 돈만 날리기 십상이다.

    이때는 화부터 내지 말고 "왜 학원 가는 것이 싫지?"라고 물어본후 할 말을 결정해야 한다.

    사실 아이를 학원에 보내는 것은, 백퍼센트 아이의 성적 향상을 위해서라기보다 엄마가 아이의 성적 향상을 위해 애쓰고 있다는 심리적

위안을 얻기 위한 경우가 더 많다. 아이는 엄마에게 등 떠밀려 학원에 가도 공부에 마음이 가지 않으면 성적이 오르지 않는다. 스스로 학원에 다니고 싶어야 강의 내용이 귀에 들어오는 것이다. 아이가 학원에 가기 싫어한다고 "학원 안 가려면 학교도 다니지 마." 등의 감정적인 말은 절대 하면 안 된다.

먼저 아이와 차분한 시간을 갖고 "학원에는 왜 가기가 싫어?"라고 물어본다. 아이가 "그냥." "놀 시간이 없어서."라고 대답하면 "좋아, 그럼 학원 가지 말고 그냥 놀아. 그 대신 혼자 공부해서 성적은 ○○ 만큼 올리는 거야." "혼자 공부해서 잘할 자신 있으면 학원 그만 다녀도 돼."라고 말한다.

아이는 엄마가 자기 말을 귀담아듣지 않을 것으로 기대했다가 뜻밖의 대답을 듣고 어리둥절해 할 것이다. 또 혼자 공부해서 잘할 자신이 없는 아이라면 감히 학원을 그만두겠다고 우기지 못할 것이다.

이후에는 아이가 스스로 학원 보내달라고 말할 때까지 기다리는 것이 현명하다. 아이도 학교 친구들이 어떻게 공부하는지 잘 알기 때문에 엄마가 학원에 관심을 보이지 않아도 공부할 마음이 생기면 오히려 "학원 보내주세요."라고 조를 것이다.

만약 아이가 성적이 끝없이 추락하는데도 학원을 다니고 싶다는 말을 하지 않는다면 당신의 아이는 공부에 흥미가 없는 것이니, 공부보다 더 잘할 수 있는 특기를 찾아보는 것이 낫다. 공부에 관심이 없는 아이를 억지로 공부시키려 하면 학교생활까지 흥미를 잃어 다른 특기

마저 놓칠 수 있다. 이때는 아이와 마음을 열고 "네가 가장 잘하는 것
은 무엇이라고 생각하니?"라고 물어 아이의 특기를 찾을 수 있도록
노력하자.

06
결과에 매달릴 시간에
다음 시험 준비하는 게 어때?

미래지향형 **엄마의 말**

시험이 끝나면 아이들은 기대만큼 나오지 못한 점수 때문에 속상해하며 잠깐 반성할 뿐 다음 시험은 걱정 안 한다. 일단 놀고 다음 시험은 닥치면 그때 대처하면 그만이라고 생각한다. 엄마 역시 "시험 또 그렇게 보려고 공부 안 하는 거지!"라고 야단을 칠 뿐 구체적으로 다음 시험 대비책을 가르쳐주지 못한다.

그러다가 막상 다음 시험이 닥치면 공부할 시간이 모자라 며칠 반짝 벼락치기를 한다. 시간은 없고, 해야 할 공부는 많으니 아이와 엄마 모두 피가 마른다. 물론 벼락치기 공부도 장점이 있다. 마감 효과 때문에 집중력이 향상되고 짧은 시간에 좋은 성과를 낼 수도 있다. 하지만 장기적으로 볼 때, 꾸준히 공부하는 아이를 따라갈 수는 없다. 꾸준히 공부하면 누적 효과가 나타나기 때문이다.

당장 눈앞의 효과에 연연해 하지 말고 장기적인 안목으로 아이의 성적을 높이려면 평소 꾸준하게 공부하는 습관을 들여야 한다. 그러려면 엄마의 말을 바꾸어 보는 것이 좋다.

아이가 받은 성적이 성에 차지 않아도 "그것도 성적이라고 받아왔어?"라고 말하는 대신 "너도 속상하지? 하지만 지금 속상해 할 시간에 다음 시험 준비하는 게 어때?"라고 말해 보라. 아이는 엄마에게 된통 야단맞을 줄 알았다가 전혀 다른 반응을 접해 그 어느 때보다 엄마의 말을 새겨들을 것이다. 이런 말은 아이의 미래지향적 사고를 기르는 데도 도움이 된다. 작은 실패에 좌절하지 않고 다시 새로운 도전을 시작하는 사고의 틀을 만들어줄 수 있다.

이미 굳어진 엄마와 아이의 시험에 대한 관점을 바꾸려면 몇 가지 단계를 거치는 것이 좋다.

먼저 "지금부터 다음 시험 준비를 어떻게 할 것인지 계획표를 만들어보자."라고 말한다. 아이는 당장은 엄마가 자신의 낮은 성적표를 보고도 야단치지 않으니 마음이 놓여 열심히 다음 시험 계획표를 세울 것이다. 계획표가 나오면 아이와 충분한 대화를 해서 수정하고 보완해 완성시킨다. 이후에 아이가 자기가 세운 계획표를 실천하지 않으면 "네가 결정한 일인데 해야지?"라는 말 한마디면 더 이상의 잔소리가 필요 없다.

아이가 엄마를 물렁하게 보고 공부를 더 안 할 수 있다는 걱정이 들 수도 있지만 눈 딱 감고 한 번 시도해 보기 바란다. 분명 아이의 전과 다른 반응을 볼 수 있을 것이다. 처음부터 성적이 눈에 띄게 향상되는 효과를 기대할 수는 없겠지만, 엄마가 매일 잔소리하지 않아도 아이는 스스로 공부하는 습관을 기르게 될 것이다. 그렇게 되면 아이의 성적은 저절로 오를 것이다.

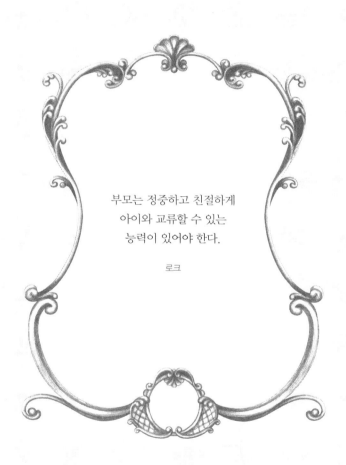

부모는 정중하고 친절하게
아이와 교류할 수 있는
능력이 있어야 한다.

로크

07
어떤 사람이 되고 싶지?

목표설정형 엄마의 말

　사람의 정신력은 키우면 무한대로 확장된다. 어떤 목표를 세우고 목표 달성을 위해 노력하면 불가능한 일도 해낼 수 있다. 수많은 위인들이 바로 그런 일을 한 것이다. 그러나 목표 없이 타인의 강요로 움직이면 한없이 위축돼 그냥 놔두는 것보다 못한 결과를 초래한다.

　엄마의 목적 없는 "공부 열심히 하라."는 말은 "반에서 ○등, 전교에서는 ○등 하라."고 확실한 목표를 정해 말하는 것보다 못하다. 물론 엄마가 아이의 능력을 고려하지 않고 무리한 목표를 세워도 부작용이 생긴다.

　요즘 우리나라 학생들의 가장 큰 문제는, 공부를 왜 해야 하는지 모르고 공부하는 것이라고 들었다. 대부분의 아이들이 "엄마가 하라고 하니까 어쩔 수 없이……."라고 대답한다는 것이다. 엄마에게 보여주기 위해 공부를 열심히 해야 한다고 생각하면 어느 수준 이상으로 성적을 올릴 수는 없다. 엄마가 조금만 방심하면 성적이 떨어지고, 엄마가 조금 더 긴장하면 성적이 약간 올라가는 악순환이 반복된다.

정말로 경쟁력 있는 공부는 자기가 무엇 때문에 공부하는지 알고 하는 공부라는 것을 아이가 확실히 인식해야 한다. 아이에게 필요한 공부는 아이의 꿈을 이루는 데 도움을 주는 것이어야 한다. 공부 목적을 알아야 공부를 꿈과 부합시킬 수 있다.

물론 아이들은 미래에 대한 개념이 희박하다. 자기가 이루고 싶은 목표를 확실히 정하기 어렵다. 그리고 어른이 될 때까지 수시로 바뀌는 것이 아이들의 꿈이다. 아이들은 매순간 성장하기 때문이다. 그러나 아이가 마음으로부터 어떤 사람이 되겠다는 목표를 갖도록 유도하면 일관성 있는 꿈을 키우고, 그 꿈을 이룰 준비의 필요성을 느낄 수 있다.

실제로 미국의 스탠포드 대학교의 한 교수는 재학 중인 학생들을 대상으로 나중에 뭐가 되고 싶은지를 조사했다. 7년 후 교수는 그 결과를 가지고 참여했던 학생들을 다시 조사했다. 조사 때 자기 목표를 종이에 적어 간직한 학생들은 대부분 목표했던 사람이 되어 있었다. 그런데 종이에 쓰지는 않고 생각만 한 학생은 전체 3분의 1 정도가 꿈을 이루었다. 반면 아무런 목표도 세우지 않은 학생은 이룬 것이 거의 없는 것으로 조사되었다.

이처럼 목표는 대단히 중요하다. 아이가 어리더라도, 그래서 제대로 된 목표가 아니라는 생각이 들어도 미래의 목표를 정하도록 유도하면 아이는 자기 목표를 이루려 스스로 노력해야 한다는 것을 배울 것이다.

당신의 아이를 스스로 공부하는 아이로 키우려면 "공부 안 할래?" "공부 좀 열심히 해라."라는 평소의 말을 "너는 이다음에 어떤 사람이 되고 싶지?"로 바꾸어보라. 사람의 뇌는 질문을 받으면 질문에 대한 답을 찾으려고 부지런히 움직인다. 엄마의 질문은 아이의 뇌를 가장 효율적으로 작동시키는 효과를 가지고 있다.

아이가 미래의 목표를 찾은 후에 "그런 사람이 되려면 어떻게 공부해야지?"를 묻기만 해도 아이는 자기가 해야 할 공부가 무엇인지를 찾아내려고 하며, 더 열심히 공부하려고 노력할 것이다.

꿈은 삶의 방향을 결정한다. 아이가 미래 비전을 가지면 엄마가 굳이 학교 성적에 연연하지 않아도 아이의 성적은 저절로 쑥쑥 올라갈 것이다. 스스로 공부해 올린 성적은 웬만한 일로는 흔들리지 않는 진짜 실력이 된다.

빌 게이츠 가의 자녀교육 10계명

❶ 큰돈을 물려주면 결코 창의적인 아이가 되지 못한다.

❷ 부모가 나서서 아이의 인맥 네트워크를 넓혀준다.

❸ 단점을 보완해 주고 뜻이 통하는 친구를 사귄다.

❹ 어릴 때에는 공상과학소설을 많이 읽는다.

❺ 어머니의 선물이 때로는 아이의 인생을 바꾼다.

❻ 신문을 보며 세상 보는 안목과 관심 분야를 넓힌다.

❼ 부잣집 아이라고 결코 곱게 키우지 말아라.

❽ 기회가 왔을 때 머뭇거리지 말고 과감하게 도전한다.

❾ 어린 시절 다양한 경험은 자라서 든든한 사업 밑천이 된다.

❿ 부모가 자선에 앞장서면 아이들은 자연스럽게 본을 받는다.

〈세계 명문가의 자녀교육〉 가운데

아이 성적에 신경 쓰는 엄마들 중에는 뜻밖에도 아이의 성적을 떨어뜨리는 말을 하며 사는 분들이 많다. 학원비 마련하느라 허리띠 졸라매고, 밤잠 설치며 자식 뒷바라지를 하고는 입으로 그 공을 까먹는 것이다. 이 장에서는 자녀의 성적을 떨어뜨리는 엄마의 말은 어떤 것들이 있는지 알아보고, 그 말을 개선하는 훈련을 해보자.

6장

자녀의 성적을
떨어뜨리는 엄마의 말

01
공부는 안 하고
도대체 뭐하니?

채근형 **엄마의 말**

　엄마들도 어릴 적 부모님께 잔소리깨나 들으면서 자랐다. '이다음에 크면 나는 잔소리 하지 않는 엄마가 되어야지.' 하고 생각했는데 막상 아이를 기르다 보면 생각처럼 되지 않는다. 그 중에 대표적인 것이 입만 열면 "공부 좀 하라니까 뭐하니?"라고 채근하는 것이다. 보통은 단지 아이를 채근하기 위해 하는 말이지만, 때로는 아이가 엄마의 말을 무조건 받아들일 것으로 믿고 습관적으로 말할 때가 많다. 그런 채근은 공부를 지겨운 것으로 만들 뿐이다.

　이제 막 숙제를 마치고 잠시 쉬고 있을 때, 학원 갈 준비가 평소보다 빨리 끝나 잠시 친구와 전화 통화 중일 때, 물 좀 마시려고 주방으로 나왔을 때 엄마가 기다렸다는 듯 "공부 좀 하라니까 도대체 뭐하는 거야?"라고 소리치면 아이의 기분이 어떻겠는가?

아이는 엄마가 자기 사정을 제대로 파악하지 않고 그저 눈에 띄는 대로 "공부 좀 하라니까 도대체 뭐하니?"라고 채근하는 것으로 생각해 하던 공부도 집어 치우고 싶을 것이다. 이와 같은 잔소리가 반복되면 아이에게 좌절감을 주고, 엄마에 대한 분노만 만든다. 엄마가 자신을 믿지 않는다고 단정하게 돼 예민한 아이들은 공부 의욕이 달아난다. 엄마가 뭐라고 해도 공부가 하기 싫어진다. 그후로는 엄마의 말은 한 귀로 듣고 한 귀로 흘려버리는 것이 낫다고 판단한다. 당신이 바라는 아이가 이런 모습은 아닐 것이다.

자녀를 정말로 공부 잘하게 하고 싶다면 볼 때마다 "공부 좀 하라니까 도대체 뭐하니?"라고 채근하지 말고 "필요한 것은 없니?"라는 말을 자주 해야 한다. 아이가 무엇 때문에 공부할 시간에 다른 일을 했는지 설명할 기회를 준 다음 적절한 대응을 해야 한다. 아이의 설명을 충분히 듣고 아이가 정말로 공부에 게으름을 부리는 것인지, 아니면 무슨 사정이 있었는지를 판단한 다음 아이가 해야 할 일을 지시해도 늦지 않다.

이미 제5장에서 스스로 공부하는 아이를 만드는 엄마의 말에 대해 이야기했으니 한 번 더 읽어보자. 그러고 나서 평소 하던 "공부 안 하고 뭐하니?" 등의 말을 내뱉기 전에 "너무 힘들면 잠시 쉬었다 해." 등의 말로 바꾸어보기 바란다. 아이의 공부에 대한 태도가 몰라보게 달라질 것이다.

　아이가 공부를 하는지 안 하는지 밤낮으로 감시하고, 조금만 한눈팔면 "공부 안 해!"라고 채근하는 것이 엄마에게도 즐거운 일은 아니지 않는가.

02
점수 올리면
네가 원하는 것 사줄게

조건부형 엄마의 말

　성적을 올리면 아이가 평소 바라던 것을 해주겠다고 유혹하는 엄마들을 많이 본다. 아이는 선물을 받으려고 열심히 공부해서 엄마 바람대로 점수를 올릴 수 있다. 그러나 자기 필요에 의한 공부가 아니라, 성적 향상에 따른 대가를 보고 공부하면 목적을 이루거나 혹은 목적이 사라졌을 때 더 이상 공부해야 할 의욕을 가질 수 없다. 이런 일이 되풀이되면 공부는 마지못해 하는 것으로 인식된다. 엄마가 조건을 제시하지 않으면 능력을 발휘할 필요가 없다고 믿는 것이다.

　따라서 엄마는 절대로 "네가 이번에 ○○을 하면 ○○을 사주겠다."는 말로 아이의 성적 향상을 유인하지 말아야 한다. 아이 스스로 성적을 올렸을 때 엄마가 기쁜 마음으로 선물을 한다면 몰라도, 미리부터 상을 걸어놓고 성적을 올리면 아이는 점차 대가 없는 일에는 자발적으로 참여하지 않는 나쁜 습관을 갖게 될 것이다. 그런 습관은 나중에 사회에 나갔을 때 인간관계를 방해하는 중요한 장애요소가 되기도 한다.

"성적이 나쁘면 위축돼 점점 더 떨어지는 경우를 많이 보았어요. 성적이 더 떨어지는 것보다는 상을 내걸어서라도 일정 수준으로 높여놓아야 하지 않을까요? 그래도 어느 정도 성적을 올려놓으면 아이에게 자신감이 생겨 점차 발전할 수 있잖아요."라고 반문하는 엄마도 계실 수 있다. 부분적으로는 맞는 말이다. 그러나 아이들은 심리적인 변화가 심해 그 자신감을 오래 유지하지 못한다. 조건이 사라져 성적이 떨어지면 자신감도 같이 추락한다.

따라서 아이의 진정한 실력을 향상시키려면 조건을 내걸고 성적을 높이도록 하는 말 대신 "공부는 엄마를 위해서가 아니라 너 자신을 위해서 하는 것"임을 깨닫게 하는 말을 해 스스로 공부하도록 유도해야 한다.

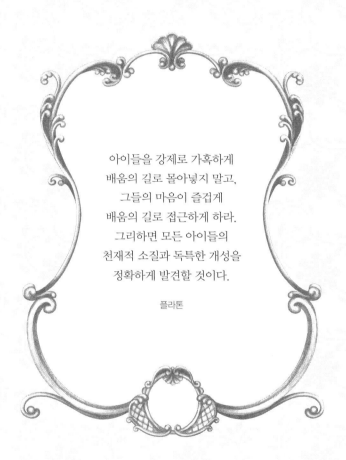

아이들을 강제로 가혹하게
배움의 길로 몰아넣지 말고,
그들의 마음이 즐겁게
배움의 길로 접근하게 하라.
그리하면 모든 아이들의
천재적 소질과 독특한 개성을
정확하게 발견할 것이다.

플라톤

03

집안일은 엄마가 할 테니
너는 공부나 해

희생형 **엄마의 말**

"글쎄 그런 것은 네가 신경 쓰지 말라니까. 집안일은 엄마가 다 알
아서 할 테니 너는 공부나 하라고."

요즘 엄마들은 아들이건 딸이건 공부에 방해되는 일은 다 해결해
주겠다는 태도를 보인다. 인터넷 채팅도, TV 시청도, 자기 방 청소나
설거지 같은 집안일을 거드는 것도 다 공부에 방해가 되니 하지 말고
오로지 공부만 열심히 하라고 이른다.

공부란 원래 생활을 윤택하게 만들기 위해 하는 것이다. 생활이 없
다면 공부가 필요 없는 것이다. 성공한 사람들은 공부로 성공을 했건,
성실함으로 성공을 했건, 장사 수완으로 성공을 했건 대부분 어릴 때

158

부터 다양한 경험과 활동을 통해 성장했다. 아이에게 아무것도 신경 쓰지 말고 그저 공부나 열심히 하라고 말하는 엄마들은 아이가 공부를 해야 하는 목적을 잘못 알고 있는 것이다.

물론 그 엄마가 생각하는 공부 목적은 있을 것이다. 아이가 좋은 대학에 입학하고 좋은 직장 얻어 사람들로부터 부러움 사는 인생을 살라는 말이다. 그런 것들이 덜 중요하다는 말은 아니다. 그러나 아이가 온전한 성인이 되는 데는 학교 성적은 아주 일부분의 역할만 한다. 미국의 성공한 기업가 중 명문대 출신은 10퍼센트대에 불과하다. 우리나라도 거의 비슷하다.

엄마가 집안일을 면제해 주어도 아이는 그 시간을 굳이 공부에 사용할 필요성은 못 느낀다. 공부 시간이 남아도 시간을 유용하게 쓰지 않는다. 오히려 모자라야 더 효율적으로 공부하고 싶어지는 법이다. 엄마가 집안일을 면제해 주건 안 해주건 아이의 공부 시간은 같아지는 셈이다. 그런 것을 감안하지 않고 노력에 비해 결과가 안 좋으면 "엄마가 그렇게 뒷바라지를 해주었는데 공부를 그것밖에 못해?"라고 말하게 된다. 아이와 서로 상처 내는 싸움만 벌어진다. 아이는 엄마의 그런 말에 미안해 하기는커녕 "누가 그렇게 해주랬어?"라고 반발할 것이다. 아이로서는 '엄마가 나 때문에 고생을 많이 하시니 공부를 더 해야지.'라는 생각이 들지 않는다.

집안일은 거들지 못하게 하고, 아이가 해야 할 일도 대신 해주면서 공부에만 전념시켜서 좋은 대학 나오게 하고 좋은 직장에도 들어갔는

데 아이가 엄마를 기피하는 사례도 있다. 엄마가 억지로 공부시킨 것만 기억하고 이제는 엄마로부터 '독립'하겠다는 아이들이다. 그제야 아이를 위해 자신의 인생을 바친 것을 후회해도 소용이 없다.

사람은 대단히 계산적인 존재다. 상대가 부모이건, 자식이건, 배우자이건 일방적으로 주기만 하고 받지 못하면 화가 난다. 엄마 역시 자식에게 모든 것을 희생했는데 자식이 다 컸다고 외면하면 얼마나 억울하겠는가. 그러나 자식 입장에서는 싫어서 집안일을 기피한 것이 아니라 엄마가 말려서 안 한 것이기 때문에 엄마의 분노를 이해 못한다.

그리고 사람은 습관의 동물인지라 집안일을 거드는 습관을 기르지 못하면 나중에는 집안일을 거들어야 할 상황을 부당하게 받아들여 조금만 일을 시켜도 짜증을 낸다.

따라서 "엄마가 다 알아서 할 테니 공부나 열심히 해."라는 말을 "네가 할 일은 이만큼이니 이 일은 반드시 네가 해."라는 말로 바꾸어야 한다. 아이가 "공부할 시간이 부족해."라고 하소연하면 그때 집안일을 약간 면제해 주어도 된다. 그때는 시간의 소중함을 알 수 있기 때문이다.

04
엄마가 학원 등록해 놓았어

몰이꾼형 **엄마의 말**

가끔 찜질방에 가보면 거기가 학부모 회의 장소인지 찜질방인지 분간하기 어려울 때가 있다. 학부모로 보이는 30대 엄마들이 분주히 학원이나 과외 교사 정보를 교환하고 있기 때문이다.

아이가 학교 가서 수업 받는 동안 엄마가 학원이나 과외 교사 정보를 알아보는 것은 유용한 일일 수 있다. 그러나 교사나 학원 강의가 아무리 유능해도 아이 자신이 내켜하지 않으면 소용이 없다. 말에게 물을 먹이려면 물가로 끌고 가야 한다. 말이 움직이기 싫어하면 당근과 채찍으로 설득과 위협을 가해 물가까지는 끌고 갈 수 있다. 그러나 말이 내켜하지 않는 한 억지로 물을 마시게 할 수는 없다.

마찬가지로 엄마가 실력 좋은 학원이나 과외 교사를 알아보는 것은 할 수 있지만 아이 머리에 공부를 집어 넣을 수는 없다. 아이는 엄마나 선생님이 두려우면 학원 가는 척, 과외를 열심히 받는 척할 것이다. 그러나 아이의 머릿속으로 수업 내용이 들어가지 않는 상황을 엄마가 어떻게 해볼 수는 없다.

게다가 사람의 심리는 미묘해서 남이 하라고 등 떠밀면 하고 싶었던 일도 하기 싫어진다. 아이들 역시 "엄마가 학원 등록해 놓았으니 다녀라."라고 말하면 다니고 싶었던 학원인데도 "엄마가 왜?"라는 반발심이 생겨 다니기 싫어진다.

또한 아이들은 자기가 공부할 선생님이나 학원은 스스로 선택하고 싶어 한다. 아이의 특성에 따라 더 잘 맞는 학원이나 교사가 있게 마련이다. 엄마가 그런 것을 무시하고 학원이나 과외 교사를 미리 선택해 두면 권리를 침해당한 불쾌함이 느껴지는 법이다.

따라서 아이가 학원 다니기를 진심으로 원한다면 "엄마가 학원 등록해 놓았으니 다녀라."라는 말 대신에 학원을 몇 개 골라놓고 "이 중에서 네가 선택해."라고 말하는 것이 낫다. 그렇게 말해도 아이가 반발심에 "학원 다닐 필요 없어."라고 말하면 "다니고 싶다고 했잖니! 그리고 그 성적에 학원도 안 다니면 어떻게 하겠다는 거야?"라는 감정적인 말은 하지 마라. 아이는 엄마가 두려워 학원에는 가겠지만 학원 수업에 흥미를 느낄 수 없어 돈과 시간만 낭비하게 될 것이다.

이때 엄마가 "친구들한테 물어봐서 좋은 학원이 있으면 네가 직접 찾아봐."라고 말해 스스로 선택권을 행사하게 만든다. 아이가 학원에 다니고 싶다면 열심히 수소문해서 자신에게 맞는 학원을 찾아내려고 노력할 것이다. 아이가 스스로 찾아낸 학원에 다녔는데 성적이 오르지 않으면 "이번에는 엄마도 한번 찾아볼까?"라고 물으면 아이에게 결정권이 있지만 엄마가 돕겠다는 의미를 전하게 된다. 그때는 엄마가 찾아준 학원도 불만 없이 다닐 것이다.

그보다 더 좋은 방법은 학원에 기대지 않고도 성적을 올리겠다는 아이의 의지를 북돋워주는 말이다. "학원 다니기 싫으면 혼자 공부해. 혼자 할 수 있으면 학원 다니는 것보다 낫지."라는 설명형 언어로 바꾸면 그럴 수 있다. 엄마의 역할은 정답을 알려주는 것이 아니라 아이 스스로 바른 판단을 내려 행복한 길로 가도록 해주는 것이 아니겠는가.

05
내가 창피해서 못살아

과시형 **엄마의 말**

많은 엄마들이 아이의 시험 성적이 기대에 못 미치면 "점수가 그게 뭐야? 창피하게……."라는 말을 생각 없이 내뱉어 아이에게 큰 상처를 준다. 마치 아이의 점수가 엄마 노릇을 평가하는 기준이라도 된 듯 목소리에 분노를 담고 말이다. 이 말은 당연히 아이들의 성적을 떨어뜨린다.

아이의 낮은 점수에 화가 나더라도 먼저 자기 자신에게 물어라.

'아이의 낮은 성적에 나는 왜 화가 나는가? 아이의 장래 때문일까? 아니면 나 자신의 노력이 보상받지 못해서는 아닌가?'

엄마 입에서 불쑥 튀어나오는 말은, 당신이 생각하듯 정말로 아이의 장래를 위해 하는 말이 아니다. 당신이 인정을 하건 못하건 엄마의 말 속에는 '아이가 공부를 못하면 내가 망신을 당한다.'는 생각이 숨어 있을 것이다.

이런 진단을 내린 최초의 사람은 정신분석학의 아버지 지그문트 프로이트이다. 그는 "사람은 생각하고, 보고, 느끼고, 경험한 모든 정보들을 뇌 속에 저장한다. 그 중에서 자주 꺼내 쓰지 않는 정보들은 집으로 치면 광 같은 깊숙한 곳, 즉 무의식의 장에 저장해 둔다. 그런데 무의식 안에 저장해 둔 정보들은 사라지는 것이 아니라 비슷한 상황에 처하거나 상처가 너무 크면 의도하지 않았던 순간에 튀어나오거나 정신병으로 나타난다."는 사실을 밝혀냈다.

프로이트는 유복한 유대인 가정에서 태어나 좋은 교육을 받으며 자랐다. 그는 아버지를 무척 존경하고 따랐다. 그런데 사춘기가 되어 말썽을 부리자 아버지가 자신에게 "이 더러운 유대인 놈!" 하며 경멸 어린 목소리로 소리를 질러 큰 충격을 받았다. 그는 그때부터 인간의 무의식에 관심을 가졌다. 아버지의 무의식 속에 자기가 유대인이면서도 유대인을 경시하는 사고가 들어 있는 것은 아닌가를 가설로 해서 여러 실험을 거친 끝에 무의식의 정체를 밝혀냈다.

프로이트는 이 연구를 통해 어릴 때 겪은 학대나 정신적 상처는 무의식에 남아 있다가 나중에 정신병, 우울증, 이유 없는 분노 등을 일으킨다는 사실을 밝혀내고, 무의식 속의 상처들을 끄집어내 치료해야 정신병을 호전시킬 수 있다고 주장했다.

따라서 엄마가 아이 점수를 보고 "창피하다."고 말하는 것은 아이의 장래보다 내 체면이 깎이는 것이 싫다는 무의식의 작용이 더 크다고 볼 수 있다. 아이가 공부를 싫어하면 "내가 너를 위해서 그러는 것이지, 엄마 때문인 줄 알아?"라고 말하지만 실제로는 "너 때문에 내 체면 구기는 것이 싫다."고 말하는 것이다.

뇌 과학자들은 사람의 뇌 속 정보는 '말'이라는 검색어를 통해 무의식 속의 정보를 의식 쪽으로 넘어오게 할 수도 있다고 한다. 엄마가 아이에게 "점수가 그게 뭐야? 창피하게."라는 말을 자주 사용하면 아이 시험 점수와 내 체면의 상관관계를 연결하는 정보처리과정이 무의식에서 의식 쪽으로 넘어온다는 것이다. 그렇게 되면 성적이 못마땅할 때마다 "네 점수가 나를 창피하게 만든다."는 말이 반복적으로 튀어나오고, 그 반복적인 말이 점수에 대한 관심을 키워 성적에 대한 집착이 생기는 것이다.

엄마의 뇌는 거의 자동으로 아이 점수를 보고 과민반응을 일으키며, 아이의 낮은 점수만 보면 전후 사정을 고려하지 않고 신경질이 나는 것이다. 아이는 엄마의 말에 상처를 받아 점차 엄마와 거리감을 갖는다. 관계가 흔들리면 엄마가 좋은 말로 "공부 더 해서 좋은 성적 좀 받아와라."라고 말해도 공부라는 단어가 이미 부정적 의미로 입력되어 있어 엄마 말을 액면 그대로 받아들이지 못하게 된다.

아이가 소심하고 의존적이면 엄마의 말에 자극을 받아 공부하는 척할 수도 있다. 한 번쯤은 약간 점수를 올릴 수도 있다. 그러나 그것은 일시적인 현상일 뿐, 아이의 성적을 지속적이고도 안정적으로 향상시키기는 힘들다.

아이와의 관계를 개선하려면 "네가 조금만 더 공부하면 지금보다 훨씬 높은 점수를 받을 수 있을 텐데."라는 말로 바꾸어야 한다. 성적이 부진해 엄마에게 잔소리깨나 들을 각오를 하고 있던 아이는 어리둥절할 것이다. 그러나 속으로는 '엄마가 내 마음을 이해해 준다.'고 느껴 엄마를 기쁘게 하기 위해서라도 성적을 높이려고 노력할 것이다.

06
너 좋으라고 하는 말이야

생색형 엄마의 말

"엄마 좋으라고 공부하라는 거니? 다 너 좋으라고 하는 말이야."

"엄마가 네 방 치우느라고 얼마나 힘들었는지 알아?"

"엄마가 너 때문에 하고 싶은 일을 얼마나 못하는지 알아?"

엄마가 아이 앞에서 자주 늘어놓는 공치사다. 그런데 이것이 아이한테는 우습게만 들린다. 어른 아이 할 것 없이 생색내는 말에 매력을 느끼는 사람은 없다.

생색을 많이 내는 사람은 강자의 위치에 서 있는 듯하지만 대개 약자의 마음을 갖고 있다. 자기 한 일을 상대방에게 인정받아야만 버림받지 않을 것이라는 막연한 두려움을 가지고 있는 것이다. 그래서 아

168

이는 엄마가 당연히 해야 할 일을 하고도 생색을 내면 혼란스럽다. 아이는 엄마가 자신을 보호해 주는 절대적인 지지자이기를 기대한다. 그런 엄마가 생색을 내면 기대가 무너져 엄마가 하찮아 보인다. 그래서 괜히 엄마의 말에 트집을 잡거나 대화를 피하는 등의 방법으로 엄마의 권위에 도전한다.

"엄마 좋으라고 공부하라는 거니?" 혹은 "자알 하는 짓이다. 네 맘대로 해봐라."와 같은 말은 아이들을 불안하게 만드는 한편, 나약한 엄마를 구원해야 한다는 부담을 갖게 해 갈등을 증폭시킬 뿐이다.

따라서 아이가 열심히 공부하기를 바란다면 "엄마 좋으라고 공부하라는 줄 알아? 다 너 위해서 하는 말이지."라는 말 대신 "네가 공부를 안 하면 엄마는 걱정이 돼. 공부 잘하면 너도 좋지만, 엄마는 내 자식이니까 덩달아 기쁘다."라고 솔직히 자신의 느낌을 말하는 것이 좋다.

여러 번 말했지만 아이들은 엄마를 기쁘게 하려는 본능이 강해 엄마가 자기 감정을 솔직히 표현하고 엄마의 희망사항을 말하면 '나도 공부를 열심히 해서 엄마를 기쁘게 해드려야지.'라는 생각이 든다. 그런 마음으로 노력하면 당연히 성적이 오른다.

아이의 성적이 올랐을 때 엄마가 "네가 노력하는 모습을 보고 엄마는 성적이 오를 줄 알았지. 너무 기쁘고 고맙다."라고 아낌없이 칭찬해 주면 아이는 자신의 노력을 엄마가 지켜보았다는 생각에 이제부터는 평소에도 공부에 열성을 보일 것이다.

혹시 아이가 노력을 했는데도 성적이 오르지 않았다면 "좋은 성적으로 엄마를 기쁘게 해주고 싶었던 네 마음을 안단다. 그 노력만으로 엄마는 기쁘다. 조금 더 노력해 보자. 틀림없이 성적이 오를 것이다."라고 말해 주면 아이는 좌절하지 않고 다시 재도전할 수 있다.

자기 감정을 솔직히 표현하는 엄마의 말은 아이에게 공부를 열심히 하면 '엄마의 사랑'이라는 보상을 받을 수 있다는 확신을 주어 더 잘해보려고 애쓰게 만든다.

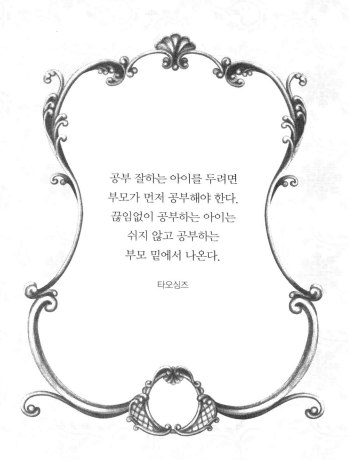

공부 잘하는 아이를 두려면
부모가 먼저 공부해야 한다.
끊임없이 공부하는 아이는
쉬지 않고 공부하는
부모 밑에서 나온다.

타오싱즈

07

좋은 대학 못 나오면
사람 취급도 못 받아

위협형 **엄마의 말**

과거 우리 사회는 학력이 성공의 기회를 잡는 데 거의 절대적인 영향을 주었다. 그러다 보니 좋은 대학을 나오지 못하면 먹고살기 힘들다는 의식을 갖게 되었고, 부모들은 내 자식만은 꼭 좋은 대학에 들어가기를 소망했다. 그래서 자식 뒷바라지에 따르는 모든 희생을 감수했다. 그런 부모의 바람이 좌절되면 그동안의 노력이 무너지는 것 같다. 그렇다고 엄마의 상심을 원색적으로 표현하는 것은 위험하다. 아이는 엄마의 표현을 그대로 받아들여 큰 상처를 입는다.

아이에게 공부하라 타일렀는데도 여전히 컴퓨터 주변만 맴돌거나 친구들과 어울릴 생각만 하고 있어 자극 좀 주려고 "좋은 대학 못 나오면 사람 취급도 못 받아.”라고 말하곤 했다면 앞으로는 그 말을 삼가는 것이 좋다. 아이라고 해서 엄마의 말을 무조건 새겨듣는 것은 아니다. 아이도 엄마 말이 듣기 싫으면 귀를 막고 안 듣는다. 엄마의 말이 협박이라고 판단하면 새겨듣지 않고 오히려 삐딱하게 해석할 것이다. 지금까지 엄마가 귀에 못이 박히도록 말했지만 아이가 달라진 것이 없다면 바로 그 때문이다.

그렇다면 아이는 왜 귀를 닫았을까? 이해할 수 없기 때문이다. ‘좋은 대학 못 나오면 사람 취급도 못 받아.’라는 말은 조직 사회를 경험해 보지 못한 아이가 이해하고 받아들일 수 있는 말이 아니다. 아이는 엄마에게 이해할 수 없는 말로 협박당한 것 같아 상처만 받는다. 엄마의 말에 상처를 받으면 아이 또한 자기 멋대로 행동해서 엄마에게 그 상처를 돌려주고 싶어진다. 그렇게 되면 엄마 자신도 아이와 대화하는 것이 짜증나게 마련이다.

아이의 성적을 올리고 싶다면 이런 협박은 절대 삼가야 한다. 협박은 약자의 언어이다. 상대방이 자기 말을 거부하지 못하도록 하는 마지막 안간힘이다. 아이는 이미 협박이 약자의 행위라는 것을 파악하고 겉으로는 겁먹은 척해도 속으로는 눈 하나 깜짝 하지 않는다. 자아가 강한 아이는 엄마가 얼마나 마음이 약한지 확인하려고 일부러 약을 올리기도 한다.

그러므로 아이의 자발적인 노력을 바란다면 차라리 “공부하기 싫으면 놀아도 돼. 그런데 나중에 엄마 원망은 하지 마라.”라고 말하는 편이 낫다.

그보다 더 좋은 말은 이미 이 책의 제5장에서 소개한 아이의 의욕을 북돋을 수 있는 말들이다. "네가 공부하고 싶은 것이 무엇이니?" "네가 공부할 시간을 정해라." 등의 말로 바꾸면 아이가 스스로 공부할 의욕을 이끌어낼 수 있다.

엄마의 말은 아이의 성적에 직접적인 영향을 미친다. 이 중요한 사실을 결코 잊지 말자.

공부 잘하는 아이로 기르는 10계명

❶ 자녀에게 관심을 가져라.

❷ 학교 교육이 시작되어도 부모 역할이 중요함을 잊지 마라.

❸ 초기 교육이 중요함을 명심하라.

❹ 학교 공부에 모든 것을 맡기지 마라.

❺ 공부는 자기절제와 단련이 필요한 것임을 명심하라.

❻ 상식을 존중하라.

❼ 학교에서 배우는 내용에 충실하라.

❽ 텔레비전과 컴퓨터 게임은 좋은 교육에 큰 걸림돌임을 주의하라.

❾ 부모가 교육체제를 변화시키는 주인공임을 자각하라.

❿ 목표는 높게, 기대는 많이 하라. 그러면 아이들은 성장한다.

《스스로 공부하는 아이가 21세기를 지배한다(교육개발원)》 가운데

● ● ● ● ● ● ● ●

이 장에서는 자녀의 성공을 좌우하는 엄마의 말을 소개할 것이다. 이미 알고 있으면서도 사용하지 않았던 말은 이 책을 읽은 후부터 바로 실천에 옮겨보자. 그 동안 풀리지 않았던 자녀교육 문제를 해결하고 아이와 유쾌한 관계를 만들 수 있을 것이다.

7장

자녀의 **성공**을 좌우하는 엄마의 말

01
조금만 더 노력하면
잘할 수 있어

"또 화분을 깼어? 너는 왜 늘 그 모양이니?"

애지중지 기르던 화초 뿌리가 드러나고 반질반질 손때로 윤이 나던 화분이 산산조각나면 자기 몸이 조각난 것만큼 아프다. 사람은 감정의 동물이니 화를 못 참고 소리를 꽥 지르며 "너는 왜 그 모양이니?"라고 말하는 엄마에게 틀렸다고 비난할 수 있는 사람은 없다. 다만 엄마의 그 말을 들은 아이가 뿌리를 드러낸 화초보다 더 많은 상처를 받는 것이 문제라면 문제일 뿐.

당신의 말이 아이 가슴에 못을 박고, 그 못이 아이의 인생을 바꾸어도 상관없다고 생각한다면 굳이 이 말을 고치라고 말하지 않겠다.

아이는 "맞아, 나는 왜 이 모양이지? 나는 이 모양이니 그냥 포기하고 말래. 나 같은 사람이 공부를 조금 더 한다고 해서 뭐가 달라지겠어? 나는 덜렁대지 않고 조심하려고 노력하는데 화분이 내 옷자락에 닿기만 해도 깨지는걸. 몰라, 나도 몰라. 나는 그냥 이 모양인 채로 사는 게 나아. 고쳐보고 싶지만 잘 안 될 거야."라는 결심을 굳히게 된다.

사람의 뇌는 자주 들은 말로 내부 정보를 바꾸는데, 아이에게 엄마의 말은 영향력이 높다. 엄마의 말 한마디가 아이에게 자기를 비하하는 사고를 키워줄 수 있는 것이다.

당신이 그런 것을 두려워하는 엄마라면 당장 "왜 그 모양이야!"라는 말을 "조금만 조심하면 될걸."이라는 말로 바꾸어보자. 아이 머리를 지배하기 시작한 자기 비하적인 사고는 "그래, 나도 조금만 조심하면 잘할 수 있어." "조금만 더 하면 잘할 수 있어."의 자신감으로 바뀔 것이다.

자신감이야말로 인생의 행복과 성공 모두를 잡게 해주는 강력 터보 엔진이다. 엄마의 말하기 습관 하나가 아이에게 성공의 터보 엔진을 달아주는 셈이니 못할 것이 없지 않을까.

02
너를 믿는다

"네가 이 넓은 방 청소를 다 했단 말이야? 거짓말이지? 내가 너를 어떻게 믿니?"

"네가 벌써 숙제를 다 했다고? 숙제 없는 거 아냐? 가져와봐, 너를 어떻게 믿니?"

"네가 정말로 혼자 밥을 챙겨 먹었어? 정말이야?"

"벌써 시험 공부를 다 했다고? 정말이야?"

"문제집을 다 풀었다고? 엄마 보여줘. 내가 너를 어떻게 믿니?"

엄마가 아이를 못 믿어 "너를 어떻게 믿니?"라고 말할 요소는 정말 많다. 엄마 눈에는 아이가 하는 모든 일이 다 걱정스럽다. 일일이 바로잡아주지 않으면 잘못될 것 같다. 숙제를 하다 말고 컴퓨터 게임에 빠지거나, 시험 공부를 한다고 해놓고는 친구와 채팅을 하거나, 동생과 안 싸우겠다고 약속하고도 엄마가 사라지면 금세 다시 싸우기 시작하면 자기도 모르게 인내심이 바닥난다.

엄마는 아이의 특성을 제대로 이해하기보다, 아직 어리기 때문에 의심하고 감시해야 제대로 키울 수 있다고 착각하기 쉽다. 문제는 사람의 뇌 속 정보들은 말이라는 검색어에 따라 정보를 검색하고 인지하면서 새로운 프로그램을 만든다는 것이다.

엄마가 아이에게 자주 "너를 어떻게 믿니?"라고 말하면 아이의 뇌는 자기 비하적 사고와 함께 의심받는 것에 둔감해지고, 의심받는 상황을 우습게 여기는 사고방식이 형성된다. 엄마가 의심의 말을 바꾸지 않고 지속적으로 사용하면 아이는 점차 '엄마는 내가 정직하게 행동해도 못 믿는다. 그러니 엄마 앞에서 정직해지려고 노력할 필요가 없다.'는 사고방식 안에 갇혀버린다. 그렇게 되면 더욱 엄마를 불안하게 하는 행동을 하고, 엄마는 감시를 강화하는 악순환이 반복된다.

아이는 모든 것을 불신하는 엄마에 대한 불만이 눈덩이처럼 커져 더욱 엄마 눈에 벗어나는 행동으로 복수할 생각만 한다. 복수 방법은 주로 엄마의 말을 무시하고 엄마가 싫어하는 일만 골라해 속상하게 하는 것이다. 이런 행동 패턴이 굳어지면 엄마 이외의 다른 사람도 똑같이 대하게 된다. 성공과는 거리가 먼 인성이 굳어지는 것이다.

아이는 엄마와의 대화를 통해 대인관계를 배우는데, 불안정한 대인관계부터 배워 장차 아이의 사회적 대인관계에 악영향을 미친다. 설령 공부를 잘하더라도 대인관계에 실패해 성공하기가 어렵다. 고학력자들 중 사회생활에 실패한 사람들을 보면 대인관계가 원활하지 못했다.

엄마인 당신이 아이의 미래를 그런 식으로 몰고 갈 생각이 아니라면 지금 당장 "내가 너를 어떻게 믿니?"라는 말을 "그래, 너를 믿을게."로 고쳐서 말해야 한다. 아이가 하는 일이 미덥지 않아도 억지로라도 "숙제를 다 했다고? 대견하네. 정말 잘했어!"라고 말해 보라. 엉터리로 숙제를 했는데 엄마가 "너만 믿는다."고 말해 주면 양심의 가책을 받아 그 다음 숙제는 제대로 하려고 드는 것이 아이들이다.

만약 슬쩍 넘어가주면 대충 하는 것이 습관으로 굳어질 것이 걱정된다면 "네가 숙제를 너무 빨리 마쳐서 엄마는 약간 걱정이 되네. 좀 보여줄래? 엄마랑 다시 살펴보고 잘 못했으면 고칠 거지?"라고 덧붙이면 된다. 아이는 거부감 없이 잘못을 바로잡을 것이다.

믿음으로 자란 아이는 자기 일을 자발적으로 하려는 의욕으로 넘친다. 또 타인을 신뢰하는 긍정적인 태도를 갖게 된다. 성공에 필요한 마음가짐과 태도를 모두 갖출 수 있다.

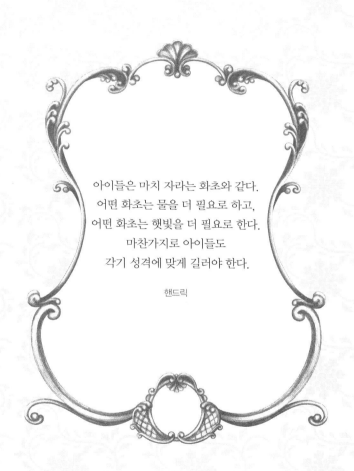

아이들은 마치 자라는 화초와 같다.
어떤 화초는 물을 더 필요로 하고,
어떤 화초는 햇빛을 더 필요로 한다.
마찬가지로 아이들도
각기 성격에 맞게 길러야 한다.

핸드릭

03

결정했으면 한번 해봐

아이가 태어나 자기 의지로 움직이기 시작하면서부터 엄마는 "안 돼! 하지 마!"라는 말을 가장 많이 한다. 아이 주변에는 아이를 위해 할 수 있는 물건들이 많아 엄마는 항상 조마조마하다. 그래서 아이가 말을 배우기도 전부터 "그리로 가지 마." "그건 만지지 마." "그러지 마." "저러지 마." "하지 마." 등의 말을 입에 달고 산다.

사람의 말은 타인과의 커뮤니케이션에만 사용되는 것이 아니다. 자신과 타인의 뇌 속에 말의 내용에 걸맞은 인식 프로그램도 만든다. 그래서 아이가 아장아장 걸을 때부터 엄마가 "그건 안 돼."로 대화를 시작하면 아기 뇌 속은 '하지 마' 프로그램이 생긴다. 엄마의 뇌 속에도 의도하지는 않았지만, 아이가 하는 일을 불신하는 프로그램이 만들어진다.

아이는 자라면서 엄마의 '하지 마'에 내성이 생겨 위험한 일도 서슴지 않게 된다. 그러면 엄마는 더욱 자주 "하지 마!"를 외쳐야 한다. 아이는 아이대로 성장하면서 뭐든지 안 되는 쪽을 먼저 보는 부정적인 사고가 형성된다. 수동적인 아이들은 새로운 시도를 두려워하는 겁쟁이로 변할 수도 있다.

열정이나 호기심이 일찍 시들거나, 엄마의 말을 무시하고 제멋대로 행동하는 두 가지 극단적인 사고 패턴이 생긴다. 두 가지 사고 패턴 모두 아이의 성공을 방해하는 주요 요소이다. 그토록 애지중지하는 내 자식의 성공을 엄마 자신의 입으로 방해하는 꼴이 된다.

엄마로서는 정말로 기가 막힐 것이다. 그러나 불행하게도 엄마들은 자기도 모르게 아이의 뇌 속에 "성공하지 말라니까." "행복해지면 안 된다니까."라는 사고방식을 심어주는 것이나 마찬가지다. 이런 아이는 학교에 입학해도 공부에 흥미를 보이지 않고, 무엇을 해야 할지 몰라 산만한 태도를 보이는 아이가 될 확률이 높다.

아이가 그렇게 되기를 바라지 않는다면 하루 빨리 "하지 마." "안 돼."라는 말을 "그렇게 결정했으면 한번 해봐."로 고쳐 사용해 보자. 아이가 아직 어리고 호기심이 넘쳐 뜨거운 다리미를 만지려고 덤비거나 깨질 물건을 덥석 끌어당기려고 할 경우에도 "안 돼!"라는 말을 해서 겁을 주지 말고, 아이 손을 끌어다 뜨거운 다리미 가까이에 대주고 깨질 위험이 있는 비슷한 물건을 일부러 깨뜨려 아이가 직접 손으로 만져보게 하면서 "그렇게 하고 싶으면 해봐."라고 말하는 배짱을 가져야 한다. 아이들은 위험을 느끼면 다시는 같은 일을 하지 않으려고 한다.

어느 정도 큰 아이도 마찬가지다. 그것이 위험하다는 것을 설명해 준 다음 "그래도 네가 결정했으면 한번 해봐."라고 말하는 것이 아이와의 관계에 도움이 된다. 이 말을 듣고 자란 아이는 어떤 결정이든 신중히 내려야 한다는 깨달음과, 한 번 결정한 일은 실패를 두려워하지 않고 시도하는 용기를 배울 수 있다. 그런 깨달음과 용기는 성공을 움켜쥐는 중요 요소이다.

이제부터 아이에게 자주 쓰던 "그렇게 하지 말라니까."라는 말을 "결정했으면 한번 해봐."로 바꾸어보자. 엄마의 머릿속에 심어진 부정적인 사고부터 긍정적으로 변해 아이와의 대화가 즐거워질 것이다.

04
네가 자랑스럽다

회사에 일을 잘하는 직원이 있었다. 그런데 업무 지시를 하면 무조건 "제가 어떻게 그런 일을 해요. 저는 못해요. 저보다 잘하는 사람 시키세요."라며 손사래를 쳤다. 나중에 보면 잘하는데도 일단은 지시를 거부했다. 그의 반응이 나를 거부하는 것 같아 차츰 일을 시키기가 껄끄럽고 불편해 자연히 비중 있는 일은 안 맡기게 되었다. 그래서 그는 점차 기대에 못 미치는 대접을 받게 되었다.

그는 말로는 못한다고 하면서도 실제로는 일을 잘하기 때문에 자기 능력을 알아주지 않는 상사가 야속했다. 그래서 불만이 많았다. 불만이 많으면 자기도 모르게 투덜대는 법. 그런데 투덜대는 부하직원을 좋아하는 상사는 없다. 이런 악순환이 거듭되자 그는 직장생활이 행복하지 않았다.

자신을 믿지 못하고 자기 능력을 폄하하는 태도로는 능력이 탁월해도 일은 잘할 수 없다. 죽을힘을 다해 열심히 해도 성공할까 말까 하는 치열한 경쟁 사회에서 자기 자신을 믿지 못하는 사람을 누가 믿어주겠는가. 이처럼 스스로를 깎아내리는 태도는 대개 어릴 때부터 엄마에게 자주 들었던 말로 만들어진다.

아이가 하는 일이 시원찮게 느껴질 때마다 엄마가 "네가 한 일이 오죽하겠니?"라는 말을 반복하면 아이는 자기도 모르게 "내가 하는 일은 항상 시원찮아."라는 인식을 갖게 된다. 엄마에게 그 말을 지속적으로 듣는 동안 "내가 한 일은 별로야."라는 고정관념이 생긴다. 그래서 다른 사람으로부터 "너는 참 침착하게 일을 잘해."라는 칭찬을 받아도 "그럴 리가요? 제가 하는 일이 그렇지요."라며 부정한다. 오히려 칭찬해 준 사람이 민망해질 때도 있다.

내 아이가 행복해지고 스스로 성공에 대한 열망을 갖게 하려면 "네가 한 일이 오죽하겠니?"라는 말을 "네가 자랑스럽다."로 바꾸어야 한다.

어린 딸이 모처럼 엄마 설거지를 도왔는데 그다지 잘하지 못해 엄마가 다시 설거지를 해야 할지라도 "네가 엄마를 돕겠다고 설거지를 하다니 엄마는 정말 자랑스럽다. 마무리는 엄마가 할게."라고 말한 후 잘못된 부분을 슬쩍 바로잡아 보아라.

아들이 모처럼 아빠 자동차를 닦았는데 물을 너무 많이 뿌려 엄마가 주변 청소를 더 많이 해야 할 귀찮은 상황일지라도 "네가 아빠 일을 거들어줘서 자랑스러워."라고 말해 보라. 아이는 자기가 한 일로 엄마를 감동시킬 수 있다는 것에 만족감을 얻어 자부심을 갖게 될 것이다.

자부심은 무슨 일을 해도 열심히 하고, 그 일에 대한 열정을 만들어 준다. 그런 마음이 학교 성적도 높이고, 새로운 일에 도전할 수 있는 자신감을 키운다. 자기 자신을 믿으면 마음이 행복해지고, 그런 마음은 인생을 성공으로 이끈다.

05
누구나 실패할 수 있어

아이가 뭐든지 잘하기를 바라는 욕심이야 국적, 인종 불문하고 모든 엄마의 소망이다. 발명왕 에디슨은 전구와 축음기의 발명으로 잘 알려져 있지만, 그 발명 과정에서 얼마나 많은 실패를 했는가는 잘 알려져 있지 않다. 전구의 필라멘트를 만들기 위해 그 재료를 찾는 데 무려 5천 가지의 다른 재료로 실험을 했다. 그러나 축전지를 발명하기 위한 에디슨의 노력에 비하면 전구의 발명은 아무것도 아니었다. 2만 5천 번의 실험에 실패를 했다. 그러자 그에게 누군가가 물었다.

"이제 그만두세요. 2만 5천 번이나 실패를 했는데 그게 가능하다고 봅니까?"

에디슨은 웃으면서 "실패를 하다니요? 나는 전혀 실패하지 않았습니다. 나는 그동안 축전지를 만들지 못하는 2만 5천 가지 방법을 발견했습니다."라고 말했다.

에디슨은 초등학교 때 저능아로 취급받아 퇴학을 당한 것으로 잘 알려져 있다. 하지만 그의 엄마는 에디슨이 부족하다고 생각하지 않았다. 엄마는 그가 묻는 엉뚱한 질문을 소중히 여겼고, 항상 정성껏 대답해 주었다. 말도 안 되는 질문까지도 받아들이고, 그렇게 묻는 아이의 호기심까지 소중히 여겼다. 결국은 이 아이가 발명왕 에디슨이 된 것이다.

우리나라 엄마들의 자식 교육에 대한 열의는 세계적으로 알려져 있다. 열의만큼 욕심도 많다. 그래서 공부 잘하는 아이가 실수로 점수가 조금만 낮아져도, 달리기를 약간 못해도 속상한 마음에 "그것도 못해?"라는 말을 한다. 다른 사람이 보기에 결코 부족하지 않은 실력을 가졌는데도 "그래, 나는 노력해도 안 되는 사람이야. 나는 왜 이렇게 못할까……."라는 패배 의식에 사로잡혀 있거나 "지면 절대 안 돼!"라는 무서운 강박관념에 사로잡혀 있는 아이들을 보면 그 엄마가 훤히 보인다.

그런데 그런 엄마일수록 자신은 아이에게 "그것도 못해?"라며 기를 죽이면서도 남들이 자기 자식 기죽이는 꼴은 못 본다. 그래서 공공장소에서 뛰고 떠들어도 야단을 치지 않아 주변 사람들의 눈살을 찌푸리게 하는 경우도 많다. 엄마의 일관적이지 않은 태도는 아이의 윤리의식을 왜곡시킨다. 타인에게 사랑받기 힘든 성인으로 자라기 쉽다.

엄마들이 아이에게 자주 쓰는 "그것도 못해?"라는 말은 아이의 경쟁심을 부추기는 공격적인 언어이다. 아이의 경쟁 심리만 자극하면 경쟁에 자신 없는 아이는 좌절해서 아예 경쟁에서 물러서버린다. 반면 경쟁에서 이긴 아이는 경쟁 이외의 것에는 가치를 두지 않아 타인과 더불어 사는 인성을 기르기 힘들다. 그러다 보면 경쟁에서 이겨도 기쁨을 나눌 사람이 없으니 마음이 공허해지고, 더 이겨야 한다는 생각에 새로운 목표를 찾느라 영원히 행복해지기 어렵다. 운이 좋아 실패 없이 승승장구해도 더 높은 경쟁에 도전해야 한다는 강박관념을 버리지 못해 불행해지기 쉽다.

당신의 아이를 그런 사람으로 만들기 싫으면 "그것도 못해?"라는 말을 "누구나 실패할 수 있어. 그러니 다시 시작하자."라고 바꾸어보자. 실패에서 배운 교훈으로 목표를 향해 계속 전진한다면 마침내 성공의 결과를 얻을 수 있을 것이다.

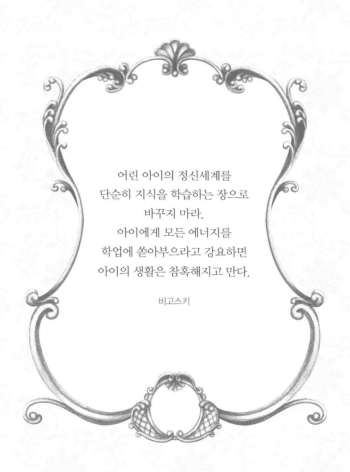

어린 아이의 정신세계를
단순히 지식을 학습하는 장으로
바꾸지 마라.
아이에게 모든 에너지를
학업에 쏟아부으라고 강요하면
아이의 생활은 참혹해지고 만다.

비고스키

06

너는 소중한 사람이야

엄마도 어릴 때를 생각해 보면 "애들이 뭘 안다고 끼어들어. 어른들끼리 할 말이 있으니 나가 놀아라."라는 말을 듣고 마음 상한 적이 있을 것이다. 나이의 많고 적음을 떠나 사람은 무시당하는 말을 들으면 불쾌감을 느낀다. 어린 아이라고 예외가 아니다. 특히 어릴 때부터 가장 사랑을 받아야 할 상대인 엄마로부터 "네까짓 게 뭘?"이라는 말을 반복적으로 들으며 성장하면 분노의 감정이 쌓여 이성이 자라지 못한다.

아이들은 부모가 자기를 사랑한다는 것을 표현해 주지 않으면 부모에게 버림받을까봐 불안해 한다. 엄마의 자궁에서 분리된 순간의 공포가 성인이 될 때까지 사라지지 않는 것이다. 사랑받는다는 것을 확인해야 심리적 안정감을 느낀다. 심리적 안정감이 자신감으로 발전하는데, 엄마의 무시하는 말이 뇌에 각인되면 자신도 모르게 스스로를 하찮은 존재로 여기는 뇌 모드가 형성된다.

성공이 이 시대 최고의 화두가 되면서 출판계에는 '이기는 사람은 항상 이긴다' '이기는 것은 습관이다' '이기는 사람은 생각부터 다르다'를 주장하는 책들이 인기를 끌고 있다. 그 책의 저자들이 한 목소리로 주장하는 것은 머릿속에 이기기에 적합한 사고방식을 길러놓아야 언제나 이길 수 있다는 것이다.

자신을 하찮은 존재로 여기면 이기기에 적합한 사고방식이 만들어지지 않는다. 많은 엄마들이 아이 잘 되기를 바라면서도 정작 아이가 잘 되는 데 꼭 필요한 이기기에 적합한 사고방식을 파괴하고 있는 것이다. 엄마의 말이 갖는 가공할 힘을 모르기 때문이다.

엄마의 말은 아이의 사고력 형성의 뼈대가 된다. 엄마가 아이를 하찮게 여기는 말은 아이 자신이 스스로의 존재를 하찮게 여기는 의식을 만든다. 그런 말을 반복적으로 듣고 자란 아이는 부모에게 순종적이고 선생님 말씀을 잘 듣는 모범생이 된다 해도, 새로운 것에 대한 도전을 싫어하고 변화를 두려워하는 나약한 사람이 될 뿐이다. 겉으로는 모범생이지만 요즘처럼 변화와 도전 정신이 성공으로 이어지는 시대에는 성공하기 어렵다.

또한 뇌 속에 매사를 무시하는 사고 프로그램이 형성돼 자신과 타인을 동시에 무시하는 태도도 생긴다. 자신과 타인을 동시에 무시하고도 성공한 사람은 이 세상에 단 한 명도 없다.

엄마가 아이를 성공과 행복을 누리는 사람으로 길러내고 싶다면 "네까짓 게 뭘?"이라는 말 대신 "너는 소중한 사람이야. 그러니까 그렇게 하지 말고 다르게 했으면 좋겠다."라고 바꾸어 말해야 한다. 엄마의 말만 바꾸어도 아이의 미래는 크게 달라질 것이다.

07

그 친구를 좋아하는
이유를 말해줘

엄마들은 학교 성적 다음으로 아이의 교우 관계에 민감하다. '친구 따라 강남 간다'는 말이 있을 정도로 어릴 적 교우 관계는 인생에 큰 영향을 미치는 것이 사실이다. 그런데 엄마가 교우 관계에 너무 개입하면 아이의 사회성을 아예 망칠 수 있다.

엄마들에게도 매력적인 사람과 좋은 사람은 다를 것이다. 사람은 나이에 상관없이 누군가에게 끌리면 주위에서 열심히 말려도 그 사람에게 끌려간다. 이런 심리를 무시하고 아이의 교우 관계에 개입해 "그런 애하고는 놀지 마."라고 말하면 아이는 엄마와의 대화에는 마음을 닫고 그 친구에게 더욱 밀착된다. 아이들은 순수해서 자신이 좋아하는 친구를 엄마가 싫어하면 자기가 그 친구를 보호해 주어야 한다고 믿는다. 자꾸만 엄마 앞에서 그 아이를 변명하고 옹호하게 된다. 그럴수록 엄마는 그 관계를 어떻게 해서든 끊어놓아야 안심이 된다. 그래서 충돌은 점차 더욱 격렬해진다.

사람에 대한 끌림은 막을 수 없다. "그런 애하고는 놀지 마."라는 엄마의 말은 아이를 자극해 그 아이에게 더욱 끌리게 할 뿐이다. 엄마가 둘 사이가 끊어질 때까지 그 말을 되풀이하겠다는 생각으로 버티면 아이는 엄마의 말을 수용하기는커녕 오히려 엄마의 감시망을 벗어날 생각이나 할 것이다. 그런 와중에 아이에게 어떤 문제가 일어나면 아이는 그동안 엄마에게 한 일이 있으니 다가갈 수 없어 친구와 의논한다. 그 친구가 엄마 염려대로 좋지 않은 친구라면 문제가 심각해진다.

아이는 "우리 엄마는 집안이나 성적만 따지는 속물"이라며 더욱 엄마 말을 무시할 수 있다. 엄마를 무시하면 엄마가 싫어하는 행동을 해서 복수하려는 소극적인 반항부터 엄마의 말을 안 듣는 과감한 반항까지 자기 역량껏 반항을 할 것이다.

자식의 교우 관계를 바로잡으려면 아이가 엄마의 마음에 안 드는 친구를 사귄다고 해서 "그런 애하고는 놀지 마."라고 말하지 말아야 한다. 대신 "네가 그 아이를 좋아하는 이유를 말해 줄래?"라고 묻는 것이 현명하다.

만약 당신이 이미 몇 차례 "그런 애하고 놀지 마."라는 말을 해버렸다면 지금이라도 "엄마가 그 친구가 문제가 많아서 그렇게 말한 것이 아니라 너하고는 기질이 맞지 않아 보여서 그랬다. 네가 그 아이를 좋아하는 이유를 설명해 주면 엄마도 그 아이의 좋은 점을 찾아볼게."라는 말로 바꿔보라. 아이는 그동안 엄마를 오해했다고 생각하면서 엄마에 대한 원망을 풀 것이다. 이때 엄마가 그 친구를 객관적으로 보도록 아이를 유도하면 저절로 간격이 생길 것이다. 나중에는 엄마의 개입 없이 스스로 정리할 수 있다. 아이는 그 친구와 멀어진 것은 자기가 선택한 일이라고 생각해 엄마에게 별다른 감정을 갖지 않을 것이다.

08
이제 정말 어른이 되는구나

성(性)에 관심을 갖는 나이가 점점 낮아지고 있다. 인터넷에 음란물 동영상이 범람하고 성 표현이 노골적인 TV 방송이 버젓이 아이들이 시청할 수 있는 시간대에 방영되면서 어린 아이들이 성에 노출되는 것에 대한 엄마들의 걱정이 늘고 있다.

그러나 엄마들도 성교육에 대한 정확한 인식이 없어 아이가 음란물을 접하거나 성적인 표현을 하면 무조건 놀라고 당황해 아이에게 모욕감을 주는 말을 하기 쉽다. 엄마의 과민한 대응은 아이를 유해 음란물로부터 보호하기는커녕 왜곡된 성의식을 심어줄 수 있어 매우 위험하다.

커뮤니케이션적으로 보면 막연한 불안감을 드러내는 말은 듣는 사람을 불쾌하게 만들 뿐 의미가 전달되지 않는다. 그러니 당신의 아이가 어른들 몰래 음란물을 보다가 들키거나 아이의 자위 등 성적 표현 현장을 보게 되었을 때 모욕적인 말을 하지 않도록 조심해야 한다.

아이들은 나이가 어려도 자신의 성적 관심에 대해 엄마가 노골적으로 지적하면 심한 모욕감을 느낀다. 성을 죄악시하는 의식이 생길 수도 있다. 혹은 "엄마가 너무 구식이어서 뭘 몰라도 한참 모른다."며 무시하는 마음이 생길 수도 있다.

아직 성숙되지 않은 성의식은 통제에서 벗어나면 점점 더 큰 자극을 추구하게 되어 있다. 초등학교 고학년부터 찾아오는 사춘기, 그 시절에 갖는 성에 관한 호기심은 거의 동물적이라고 보아야 한다. 자기 통제가 불가능하고, 엄마의 통제도 창호지 문을 뜯어내듯 조심스럽게 하지 않으면 문제를 키울 뿐이다. 참고로 미국 10대들의 성 문제를 다룬 영화 〈아메리칸 파이〉 1편을 보면 아빠가 아들의 자위 행위를 목격하고도 슬그머니 눈감아주는 장면이 있다. 그 아버지는 자식과 눈이 마주쳐 아이가 민망해 하자 "다른 방법도 있는데 더 알고 싶으면 아빠에게 물어보면 된다."라고 유머 한마디 던지고 자리를 피해 준다.

당신도 아이의 성 표현을 알게 되면 예민하게 반응하지 말고 "이제 보니 너도 어른이 되는 모양이구나."라고 말해 보라. 아이에게 모욕감을 주지 않고 성행위를 무조건 부끄럽게 여기지도 않게 할 수 있다. 아이가 이성적으로 되돌아오면 엄마가 "네가 어른이 되는 것은 기쁘지만 네가 다른 애들에 비해 너무 조숙한 것 같아 엄마는 불안해. 호기심이 많은 것은 당연하지만 엄마가 안심할 수 있도록 조금씩 천천히 알아보면 고맙겠다."라고 말하면 알아들을 것이다.

엄마가 아이의 성적 호기심을 이해해 주면 아이는 모욕감을 느끼지 않고, 스스로 음란물 접촉을 조절할 힘을 갖추게 될 것이다. 엄마는 그때까지 인내심을 갖고 따뜻한 시선으로 아이를 지켜보자.

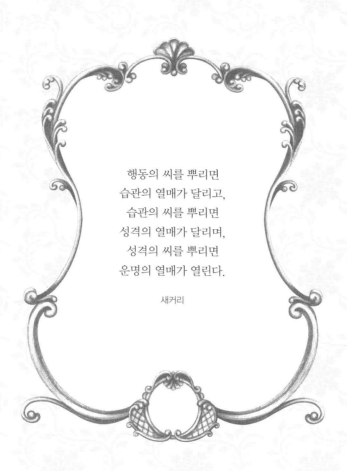

행동의 씨를 뿌리면
습관의 열매가 달리고,
습관의 씨를 뿌리면
성격의 열매가 달리며,
성격의 씨를 뿌리면
운명의 열매가 열린다.

새커리

09
먹기 싫으면 안 먹어도 돼

　아이가 본격적으로 밥을 먹기 시작하면 밥상 앞에서 장난치면서 먹는 것을 당연하게 생각하는 아이가 있다. 다른 식구들은 식사가 끝났는데도 장난치느라 오랜 시간 음식을 붙들고 있기도 하다. 그러다 보니 엄마는 아이 뒤꽁무니를 쫓아다니면서 억지로 음식을 떠먹이는 상황이 된다. 그것은 아이의 나쁜 행동을 강화시키는 일이다.

　아이는 점차 자신이 원하는 대로 되지 않으면 울거나 소리를 지른다. 엄마는 아이가 우는 소리가 듣기 싫어 아이가 원하는 대로 해준다. 그러면 아이는 다음에도 자신이 원하는 것을 얻기 위해서 또다시 울거나 소리를 지른다.

우리나라 엄마들처럼 아이의 뒤를 쫓아다니며 밥을 먹여주는 경우 더욱 이런 악순환에 시달릴 가능성이 크다. 아이는 밥 안 먹겠다고 떼 쓰는 첫 실험으로 엄마의 권위에 도전해 본다. 엄마가 여기에 걸려 넘어지면 아이에 대한 통제권을 잃기 쉽다. 아이가 엄마의 말을 듣지 않으면 바른 중심을 잡아줄 수 없기 때문이다.

자식의 성공과 행복을 바란다면 사람으로서 지켜야 할 도덕과 질서 그리고 더불어 사는 데 필요한 배려 등을 가정 교육으로 길러주어야 한다. 엄마가 그런 교육을 하지 못한다면 아이는 사람답게 사는 방법을 익히지 못해 사회생활에 낙오될 수밖에 없다.

자식에 대한 권위는 억압이나 권위적인 자세가 아니다. 자식을 바르게 이끄는 마지막 힘이다. 그런 힘을 잃지 않으려면 아이의 첫 번째 권위 도전에 무너지지 않아야 한다. 아이가 밥 먹기 싫다고 해도 따라다니며 먹여주거나 "제발 밥 좀 먹어라."라고 애원하지 말아야 한다. 오히려 "그럼 먹지 말든지."라고 단호히 말하다. 이것은 단순히 밥의 문제가 아니라, 엄마의 말이 아이에게 권위를 잃어 아이를 통제할 수 있는 힘을 잃게 된다는 점에서 대단히 중요하다.

아이가 밥상에 늦게 나타나도, 밥을 안 먹겠다고 떼를 써도 "제발 밥 좀 먹어라."라고 사정하는 말은 하지 말아야 한다. "밥 먹기 싫으면 안 먹어도 돼."라고 잘라 말할 수 있어야 한다.

어린 아이들은 배곯아 병이 날 정도가 되면 생존본능에 의해 엄마가 먹지 말라고 해도 기어이 뭔가를 찾아 먹는다. 그런 본능의 힘을 믿고 아이가 밥 먹기 싫다고 투정하면 단호히 "먹기 싫으면 그만둬." 라고 말해 보라. 식사시간에 말썽을 피워도 내버려두고, 밥상에 늦게 나타나도 투덜대지 마라. 그 대신 뒷처리를 하도록 하든지 자기 행동에 책임을 지게만 하면 된다.

투정을 하는데 엄마가 무시하면 처음에는 더 크게 오랫동안 울 것이다. 그럴 때 귀찮아서 또는 안쓰러워서 아이가 원하는 것을 들어주면 아이는 '오래 울면 원하는 대로 된다.'를 학습하게 된다. 엄마가 반응을 보이지 않으면 아이는 잠시 후 스스로 울음을 그치고, 배가 고프면 알아서 밥상 앞에 앉을 것이다. 그때 아이의 좋은 행동을 칭찬하면 된다.

10
엄마한테 바라는 것이 많구나

아이들은 자랄수록 불평이 많아진다. 아직은 자기 본위의 사고가 강한데 세상은 자기 뜻대로 살 수 없어 벽에 부딪히는 일이 많기 때문이다. 아이는 일차적으로 모든 불평을 엄마에게 한다. 세상에서 엄마처럼 믿을 만한 곳은 없기 때문이다. 엄마가 동생만 예뻐한다고 불평하고, 엄마가 다른 엄마들보다 바빠 자기랑 놀아주지 않는다고 불평하고, 엄마는 자기 원하는 것은 무조건 다 반대한다고 불평한다.

보통은 어리니까 봐주지만 집안일이나 직장 일에 지치고 짜증날 때 아이가 시시콜콜 불평을 쏟아내면 "웬 불만이 그리 많아!"라고 소리를 꽥 지르거나 "아무리 어려도 그렇지, 너무 하는 것 아니니?"라며 화를 낼 수 있다.

그러나 아이의 불평을 불평 그 자체로 이해하면 아이 마음에 큰 상처를 입힌다. 아이가 엄마에게 하는 불평은 대부분 자신의 존재를 인정해 달라는 투정의 다른 표현이다. 엄마가 이것을 눈치 채지 못하고 "무슨 불평이 그리 많아!"라고 무안을 주면 아이는 엄마에게 거부당했다는 생각으로 가득 차 엄마에게 버림받을 수 있다는 상상을 한다. 감정이 왜곡되고 정서가 불안해진다.

"웬 불평이 그리 많아."라고 말하는 대신 "네가 엄마한테 바라는 것이 많구나? 말해 봐. 엄마 능력으로 들어줄 수 있는 것은 들어주고, 들어줄 수 없는 것은 들어줄 수 없는 이유를 설명해 줄게."라고 말하는 것이 좋다.

불평 많은 아이들도 자기의 모든 불평이 엄마에게 다 받아들여질 것이라고 기대하지는 않는다. 엄마가 자신의 존재를 알아준다는 것만 느끼면 불평은 금세 수그러든다. 엄마가 아이의 속마음을 인식하지 못하고 화를 내며 소리치면 불평의 이면에 깔린 욕구가 해결되지 않아 조금 지나면 다시 불평하게 된다. 그러나 "엄마에게 바라는 것이 있구나?"로 바꾸면 불평의 이면에 숨은 두려운 감정이 소거돼 불평이 사라진다.

사회생활에서 불평 많은 사람은 항상 불리하다. 어떤 조직도 '투덜이'는 싫어한다. 그런데 당신이 아이의 불평에 대해 "웬 불평이 그리 많아."라며 화를 내면 바로 그런 투덜이로 만들 수 있다.

그러나 "엄마에게 바라는 것이 있구나?"라고 자식의 숨은 욕구를 달래주면, 불만이 있을 때는 투덜대는 것보다 의사 표현을 제대로 하는 것이 유리하다는 생각을 심어줄 수 있다. 엄마의 말 한마디를 바꾸는 것으로 아이에게 중요한 성공 요소를 심어줄 수 있다면 실천 못할 엄마는 단 한 명도 없을 것이라고 믿는다.

이면우 교수의 창의성을 높이는 자녀교육 10계명

❶ 자녀를 깍듯이 예우하라.

❷ 고집 센 자녀를 지원하라.

❸ 칭찬을 해도 남과 비교하지 마라.

❹ 큰 일에 실패한 자녀를 격려하라.

❺ 선택의 자유를 반복 훈련하라.

❻ 사람이 주는 상을 탐내지 마라.

❼ 가장 중요한 것은 창의성이다.

❽ 외로움을 극복하도록 가르쳐라.

❾ 전문가가 되도록 당부하라.

❿ 부모는 최후의 안식처가 되어라.

《생존의 W이론》 가운데

사랑이 없으면 교육이 아니다.

비고스키

　성공으로 가는 길을 제시하는 책들이 쏟아져 나오고 있다. 하나같이 시간 개념, 일에 대한 열정, 긍정적 사고, 당당한 의사 표현, 타인에 대한 배려 등을 성공의 핵심 요소로 꼽는다. 그러나 나는 그런 성공 요소들은 성인이 된 후 억지로 습득하기 힘들다고 생각한다. 그러한 요소들은 어릴 때부터 자연스럽게 배우고 익혀야 한다. 엄마가 아이에게 자주 들려주는 말만 바꾸어도 힘 안 들이고 자식에게 성공 요소를 만들어줄 수 있다.

　이 책의 1장에서 소개한 성공한 사람들의 이야기를 통해 독자들도 이 사실은 확인했을 것이다. 우리나라 엄마들은 여전히 자식을 위해서라면 얼마든지 희생할 각오가 되어 있는 것으로 보인다. 날이 갈수록 치솟는 천문학적인 사교육비, 영어 과외 열풍과 조기 유학 등 부모의 희생 없이는 실천이 어려운 자식 투자 지표들이 그것을 증명한다. 안타까운 것은 엄마가 평소에 아이에게 들려주는 말만 바꿔도 그런 부모의 노력을 반으로 줄이고 지금보다 몇 배 더 높은 성과를 낼 수 있다는 사실이다.

이 책을 끝까지 다 읽어본 엄마라면 아이가 스스로 공부하는 것도, 성공에 필요한 좋은 습관을 기르는 것도, 행복한 마인드를 갖게 하는 것도 다 엄마의 말로 만든 아이의 뇌 속 인식 프로그램이 좌우한다는 것을 이해하게 되었을 것이다. 그런데 이런 사실을 알고도 실천하지 않으면 영어 과외를 시키고, 강남으로 이사하고, 유학을 보낸다 해도 기대에 못 미치는 결과를 얻을 수밖에 없다.

나는 적어도 이 책에서 제시한 엄마의 말을 50퍼센트 정도만 실천에 옮겨도 "우리 애도 강남으로 전학시켜야 하나?" 아니면 "서울로 보내야 하나?" "남들은 다 유학을 보낸다는데 우리 애는 괜찮을까?" 와 같은 불필요한 고민에서 해방될 것으로 믿는다. 물론 아이에게 하는 엄마의 말부터 바로잡은 다음에 지방에서 서울로, 강북에서 강남으로 전학을 시키거나 멀리 유학을 보내는 것까지 말릴 생각은 없다. 자식을 더 잘 키우려는 엄마의 열망은 신도 못 막고 대통령도 못 막는

법이니까. 그러나 엄마들의 그런 수고가 헛되지 않으려면, 엄마의 말로 아이의 뇌 속 프로그램에 성공 요소부터 심어야 다음 단계의 효과를 볼 수 있음을 간절히 알리고 싶다.

아무쪼록 많은 엄마들이 '엄마의 말'이 가진 영향력을 인식하고, 아이를 위해 덜 희생하고도 더 잘 키우는 엄마가 되기를 기원한다.

자녀를 성공시킨

엄마의 말은 다르다

초판 1쇄 인쇄 2009년 11월 2일
초판 1쇄 발행 2009년 11월 9일

지은이 | 이정숙
펴낸이 | 한 순 이희섭
펴낸곳 | 나무생각
편집 | 정지현 이은주
디자인 | 이은아
마케팅 | 김종문
관리 | 김하연
출판등록 | 1998년 4월 14일 제13-529호
주소 | 서울특별시 마포구 서교동 475-39 1F
전화 | 02)334-3339, 3308, 3361
팩스 | 02)334-3318
이메일 | tree3339@hanmail.net
홈페이지 | www.namubook.co.kr

ISBN 978-89-5937-183-9 03590